MÉMOIRE

GÉNÉRAL ET RÉCAPITULATIF,

DES

TRAVAUX

DE LA

SOUS-COMMISSION D'ENQUÊTES

Pour l'industrie du Coton.

ROUEN,

ÉDOUARD FRÈRE, LIBRAIRE,

SUR LE PORT, N° 45.

✦

1829.

DÉPARTEMENT
DE LA SEINE-INFÉRIEURE.

Ville de Rouen.

ENQUÊTES COMMERCIALES.

MÉMOIRE

GÉNÉRAL ET RÉCAPITULATIF

DES

TRAVAUX

DE LA

SOUS-COMMISSION D'ENQUÊTES

Pour l'industrie du Coton.

ROUEN,

IMPRIMERIE DE NICÉTAS PERIAUX,

RUE DE LA VICOMTÉ, N° 55.

1829.

INTRODUCTION.

Le Gouvernement de la France , *promoteur intéressé des actions individuelles , et juge suprême des faits d'intérêt général* , a quelquefois, et depuis long-temps porté son attention sur l'Industrie nationale.

C'est à la sollicitude de plusieurs de nos Rois, c'est aux lumières et au zèle patriotique de leurs Ministres que, depuis saint Louis , et sous des règnes à jamais illustres dans les fastes de la civilisation, les Français dûrent en grande partie l'établissement successif des manufactures qui, dans les branches principales des *Arts et Métiers* , soutiennent l'agriculture , nourrissent les populations, accroissent le nombre et l'aisance des familles , maintiennent l'ordre public, et contribuent puissamment à la force comme à la splendeur de l'État.

Le travail du coton, connu dès la haute antiquité, soigneusement conservé dans l'Inde où probablement il prit d'abord naissance, florissant autrefois en Égypte et en Syrie, mais presque perdu dans l'Europe orientale après la destruction de l'empire romain, reprit peu-à-peu quelque étendue dans les provinces turques, où les teinturiers grecs d'Andrinople lui redonnèrent une grande réputation.

. Cette fabrication recouvrant enfin toute son importance par le commerce des Vénitiens et des Génois, dut un jour la voir s'augmenter encore par les efforts des Flamands, des Anglais, des Français, des Saxons, des Suisses, des Russes, des colons d'Amérique et des Égyptiens nouveaux.

Et, chose remarquable ! c'est des Indes que les Américains tirèrent les *graines du cotonnier ;* et c'est de l'Amérique que l'Égypte les reprit à son tour.

Et, chose plus remarquable encore ! c'est chez les peuples du nord de la terre que l'*industrie du coton,* née au midi, s'est le plus exaltée ; c'est aux États-Unis, pour la culture , c'est en Angleterre, pour la fabrication , que l'on a surtout ravi aux Asiatiques leur ancienne prépondérance.

Le coton a partout conquis la suprématie dans les consommations universelles ; *il y a donc convenance générale dans son emploi.* Ce fait mérite une très-grande attention.

Il en résulte que l'usage du coton comporte *un intérêt réel , un véritable intérêt , commun aux producteurs et aux consommateurs ,* sur lequel se fonde *l'incontestable préférence qu'on lui accorde, et qui protège même d'autres productions industrielles* que l'ignorance considère comme rivales.

Et cela est si vrai que si nos fabriques, soit de coton pur , soit de coton mélangé , n'existaient pas , nous nous empresserions d'aller à l'étranger chercher les produits cotonniers, *quelque chers qu'ils fussent, en considération de leur utilité , et non à cause de leur bas prix.*

C'est ainsi qu'autrefois nous voyagions aux Indes et à la Chine pour nous procurer ces produits sous les noms de *perses , siamoises, indiennes , nankins , mousselines ,* etc., etc. , etc.

C'est ainsi que l'Anglais, sûr de nos goûts et de nos besoins, voudrait ruiner nos cotonneries pour assurer la prospérité des siennes, dont nous deviendrions bientôt tributaires en échange de notre or, incessamment convoité.

Il y a déjà *plus de* 130 *années* que le gouvernement français, frappé de l'extrême importance qui pouvait, dans l'avenir, s'attacher au travail du coton , et secondant par ce motif quelques essais particuliers , *excita généreusement nos devanciers à la création , au développement , à la multiplication des manufactures cotonnières.*

Non seulement *nos Rois ont conseillé ces précieuses acquisitions industrielles , qu'ils jugeaient nécessaires au pays , mais ils se sont solennellement engagés à leur prêter appui ; mais ils ont fondé l'existence de nos fabriques sur des faveurs spéciales ; l'accroissement de nos entreprises sur des encouragements réitérés ; la durée de nos établisssements sur une législation protectrice.*

Interrogeons l'histoire, et laissons la parler.

L'emploi du coton dans l'Europe moderne, notamment pour la *bonneterie* , est antérieur à la découverte du passage aux Indes par le cap de Bonne-Espérance, et à celle des Amériques.

Il est certain qu'avant l'année 1430, les Génois faisaient avec la Flandre, l'Angleterre et la France, un commerce de cotons en laines pour les *ouates*, et de *filés teints ou écrus*, qu'ils tiraient du Levant par la voie de Smyrne ou des autres échelles.

C'est en Flandre que, pour nos contrées occidentales, commença le *tissage du coton*, comme *trame*, avec des fils de lin ou de chanvre comme chaîne, pour la confection des étoffes dites *futaines*.

L'Angleterre imita presque aussitôt les Flamands ; mais, hors la *bonneterie* et quelques autres façons très-bornées, *la France ne tissa le coton, d'une manière remarquable, que vers la fin du* 17e *siècle*.

Aux approches de l'année 1700, on tenta pour la première fois *de filer le coton en Normandie*. C'est dans notre province que la filature française a pris naissance.

Les *filés* furent appliqués à la fabrication de petites étoffes, chaînes en soie, trames en coton, connues alors sous le nom de *siamoises*.

Ces étoffes furent bien accueillies : les fabricants rouennais tentèrent de nouvelles combinaisons, et, dans moins de trois années, ne travaillant plus que le *coton pur*, ils consommèrent *l'invention* des *rouenneries* proprement dites.

Cette fabrication, devenant de plus en plus considérable, mérita l'intérêt du roi Louis XV : ses ministres la crurent digne d'une protection directe et d'encouragements positifs.

Le 13 mai 1731, un arrêt du conseil d'état mit le travail du coton en harmonie avec la législation appropriée, dans ces temps déja reculés, aux fabriques et manufactures du royaume.

Il restait une conquête à faire pour élever les cotonneries françaises à la hauteur de l'industrie analogue en Orient, et pour dépasser les efforts de nos rivaux d'Europe : nos teinturiers *ne possédaient pas le secret des couleurs grands teints*, surtout de ce *rouge incarnat*, appelé *rouge des Indes et d'Andrinople*.

En 1747, on fit venir des teinturiers grecs, et, mettant depuis leurs leçons à profit, les Normands surpassèrent leurs maîtres.

En 1760, une manufacture de velours;

créée à Rouen par une société anglaise, jouissait déjà de plusieurs prérogatives que le gouvernement lui concéda : elle portait le titre de *Manufacture royale privilégiée*. Les ouvriers tisserands qu'elle occupait étaient exempts de la milice.

La fabrication du coton, tout active qu'elle était en Normandie, ne suffisait pas aux demandes des consommateurs.

Vers 1770, la France tirait encore des échelles du Levant *plus de trente espèces de cotons filés*.

Cette époque est à-peu-près celle où commence à marquer la production des cotons aux Antilles françaises : elles fournissaient annuellement de 350 à 400 milliers de laine à la mère patrie.

Le coton se filait au rouet et à la main. Les fils étaient imparfaits; mais c'était beaucoup, dans cette enfance de l'art, de les avoir obtenus.

En 1767, commença hors France une grande révolution industrielle :

La *jenny* fut inventée ;

Le *système des étirages*, emprunté aux *filoirs continus* récemment créés, la compléta vers 1769.

Les Anglais, possesseurs de ces nouvelles machines, avaient porté *peine de mort* contre quiconque en dévoilerait le secret à l'étranger.

Aussi l'introduction de ces machines en France fut-elle très-lente. Cependant la même compagnie qui exploitait à Rouen la manufacture royale de velours, parvint, en 1776, à établir les *petites Jenny's* pour la filature des chaînes.

Mais, en général, et vers 1780, nous ne connaissions encore que la *carde à loquettes* et la *mécanique à charriot*.

Sous le règne de Louis XVI, prince éclairé, ami des arts et de l'industrie, le royaume devait enfin acquérir ce que nos rivaux cachaient avec tant de soin et de jalousie.

Le 18 mai 1784, un brevet fut accordé pour l'établissement d'une *filature continue*; et plusieurs autres manufactures de ce genre furent successivement brevetées.

Le 8 octobre 1785, le Roi, dans la vue de faire jouir promptement les manufactures françaises des mécaniques anglaises, accorda au sieur Miln, artiste distingué, 60,000 livres à titre d'encouragement, un traitement annuel de 6,000 francs, un local convenable, et une prime de 1,200 francs par chaque assortiment de machines livrées à nos filateurs.

Les faveurs royales ne cessèrent d'accompagner les industriels cotonniers dans leurs efforts : on vit ces faveurs se répandre sur la naissante industrie des *toiles peintes*, et la France naturalisa chez elle cet art qui nous a fait oublier les produits de la Perse et de l'Inde.

En 1786, toutes les industries cotonnières, quoique moins perfectionnées qu'elles le sont aujourd'hui, rivalisaient de zèle, d'activité et de succès *sous la protection du Roi*, lorsqu'une perturbation, dont le souvenir n'est pas perdu parmi nous, vint mettre nos fabriques aux abois. Il ne suffit donc pas en France de la volonté du Prince pour que les peuples soient heureux ? Comment, et malgré la sollicitude royale pour notre travail, le ministre Vergennes osa-t-il signer *le Traité de commerce avec l'Angleterre......* ?

Ce traité désastreux, fruit de la politique de nos constants ennemis, ruina la plupart des fabriques françaises, et ne fut pas l'une des moindres causes de la longue et sanglante révolution dans laquelle les Anglais crurent nous anéantir..... !

En 1791 , un fabricant d'Amiens reçut encore une gratification de 12,000 livres, pour la construction d'un *Mull* de 180 broches.

Si la révolution n'était pas venue troubler les destinées de la France et celles de ses enfants travailleurs, notre industrie cotonnière , aidée par les *grands teints* et *la peinture des toiles* , aurait acquis la prépondérance universelle ; car nos rivaux ne nous égalaient point dans la fabrication des *indiennes* , et nous leur sommes de beaucoup supérieurs dans la *haute teinturerie*.

Néanmoins , pendant la révolution même , le travail du coton se soutint dans la Normandie par l'ancien mode manuel de filature, concurremment avec les premières usines hydrauliques.

Sous le directoire , s'élevèrent aussi quelques manufactures mécaniques, mues par les bras, le manége et les eaux.

Elles augmentèrent en nombre sous le consulat.

Dans les années suivantes, les progrès de notre industrie devinrent plus rapides et plus marqués.

Le blocus continental les assura temporairement.

Les événements de 1814 ne nous furent pas d'abord favorables : le retrait du droit sur les cotons en laine , l'énorme quantité de marchandises anglaises entrées à la suite des armées alliées, firent perdre aux filateurs plus de soixante millions de francs, et à nos commerçants ou marchands des sommes trois fois plus considérables. Le roi Louis XVIII adoucit un peu le sentiment de cette perte , *en maintenant le principe de la prohibition des produits étrangers , principe fondamental de notre législation manufacturière, principe protecteur consacré par toutes nos lois de douanes, et notamment par celle du 28 avril 1816.*

Sous l'existence de cette législation salutaire, une multitude d'établissements cotonniers se sont élevés en France, et surtout dans le département de la Seine-Inférieure.

Pour les former, nous avons compté *sur la protection, sur la foi publiques*, qui nous garantissent *la jouissance du marché intérieur et l'exclusion absolue de l'étranger.* Nos ouvriers *se sont de même appliqués et formés à un travail spécial , qu'ils ne pourraient maintenant remplacer par aucun autre, et qui reste leur seul moyen de vivre.* Révoquer les lois qui sont notre sauve-garde, les violer par une coupable tolérance, *serait, envers nous, attenter au droit de propriété, déchirer le contrat social, et priver de pain plus d'un million de travailleurs.*

La législation que nous rappelons ici est seule efficace pour perpétuer en France l'industrie cotonnière, et nous assurer ses perfectionnements ultérieurs ; la preuve de cette vérité gît dans les faits eux-mêmes. Depuis la promulgation de la loi du 28 avril 1816, les industriels cotonniers, y trouvant un gage de sécurité pour leur avenir, ont développé leurs entreprises, et jamais la France n'a possédé plus de manufactures et tant produit que dans les années qui se sont succédé jusqu'en 1826.

Depuis lors, l'essor des cotonneries est arrêté : toutes les industries qui concourent à leur action éprouvent un malaise dont les symptômes, s'agravant de plus en plus, font craindre des événements désastreux et prochains.

Cette fâcheuse position alarme les entrepreneurs, attentifs à leur propre sort comme à celui des nombreux ouvriers qu'ils emploient.

Leurs craintes méritent d'autant plus d'être prises en sérieuse considération, que *l'industrie cotonnière n'est point isolée au milieu des autres intérêts nationaux; elle est*, au contraire, *importante par ses relations avec les principaux d'entre eux, et par l'assistance qu'elle leur porte.*

Ses succès comme ses revers influent non seulement sur les prospérités de l'agriculture, mais sur l'exploitation des forêts, des mines et houillères, mais encore sur les opérations du commerce intérieur, de la navigation et de cent travaux divers.

Elle appelle donc toute la sollicitude du gouvernement, et doit occuper une place distinguée dans les *enquêtes* que le Roi a solennellement prescrites.

Ces enquêtes devraient nous faire espérer de grandes améliorations, et cependant une inquiétude nous reste : la haute sagesse qui provoqua ces *enquêtes*, portera-t-elle promptement ses fruits ? Les portera-t-elle en temps opportun pour nos établissements et nos malheureux ouvriers ?

Les recherches administratives sont lentes,

leur accomplissement peut être encore éloigné ; tandis que le mal qui nous obsède croît rapidement et nous menace de la catastrophe la plus épouvantable.

Telle est la crainte qui domine les membres de la *sous-commission d'enquêtes* instituée dans la ville de Rouen, *pour l'industrie du coton*.

Cette commission conçoit toute l'importance des investigations ordonnées : mais, interprète des souffrances et des vœux de ses commettants, elle redoute de les voir trop tardivement accueillir.

Puisse-t-il en être autrement ! Et ce sera si le ministère, pénétré de la responsabilité qui pèse en ce moment sur lui, seconde les royales intentions qui nous sont déjà favorables par la seule recherche de la vérité.

Livrés depuis plusieurs mois à cette recherche, les membres de la sous-commission d'enquêtes réunie à Rouen n'ont rien négligé pour remplir leurs devoirs et justifier la confiance de leurs mandataires.

Nous avons, dans de premiers essais rendus publics, commencé la défense des intérêts qui nous sont confiés : des mémoires spéciaux ont été publiés en faveur des industriels et des commerçants que nous représentons.

Nous devons maintenant soumettre au gouvernement le *Mémoire général et récapitulatif de nos travaux.*

A cet égard, notre tâche est difficile sur beaucoup des points qu'elle embrasse.

Nous peindrons aisément des maux réels, trop grands pour ne pas être profondément sentis ; mais nous appréhendons de ne pas indiquer suffisamment les remèdes, malgré l'attention, malgré les soins extrêmes que nous avons mis à les rechercher, à les choisir et à les spécifier.

L'industrie cotonnière réunit, dans le département de la Seine-inférieure,

> La construction des machines ;
>
> La filature ;
>
> Le tissage ;
>
> La teinturerie ;
>
> La fabrication des toiles peintes ;
>
> Le commerce des articles de coton à l'intérieur ;
>
> Enfin, et pour ces mêmes articles, le commerce d'exportation.

Toutes ces branches d'opérations et de tra-

vail sont intimement liées entre elles; les citoyens qui s'y adonnent ont, pour satisfaire à
l'*enquête générale*, des réclamations connexes à
présenter au gouvernement, qui leur a promis
et leur doit protection.

Tel est le but du mémoire suivant.

PREMIÈRE PARTIE.

Importance de l'Industrie cotonnière dans le département de la Seine-Inférieure. — État de souffrance de cette Industrie. — Causes de cet état.

CHAPITRE PREMIER.

Importance de l'Industrie cotonnière dans la Seine-Inférieure.

En 1767, le tissage et la bonneterie consommaient déjà en Normandie de 12 à 1,500 milliers de coton chaque année.

En 1790, le nombre des fileuses au rouet dépassait dix-neuf mille, et le produit de leur travail représentait *six millions de livres pesant*.

L'action du rouet est presque éteinte aujourd'hui.

Vers l'an 1800, les filatures mécaniques à

3

eau, à manége et à bras, commencèrent à compter pour une production annuelle de *trois millions de livres* environ.

Après 28 années, écoulées sous les influences de chances diverses, nos filatures produisent *vingt millions* de filés ; et, si l'on tient compte de la finesse comparative des filés de 1829 à ceux de 1800, on saura que *la filature a plus que décuplé dans le département de la Seine-Inférieure.*

Deux cent quatre-vingts établissements, où cette filature s'accomplit , font mouvoir *un million de broches* et vivre vingt-un mille ouvriers , ci, ... 21,000

Les ateliers de *construction* des machines, ceux d'*entretien*, occupent cinq mille menuisiers , tourneurs , forgerons, limeurs , ajusteurs , fendeurs d'engrenages, fondeurs de fer, de cuivre , de zinc, d'étain , de plomb, etc. , ci 5,000

Notre tissage emploie 65,000 tisserands, ourdisseurs, rosiers,

A transporter , . . 26,000

D'autre part, . .	26,000
lamiers , trameuses , bobineuses , contre-maîtres et porteurs, ci.	65,000
Dans nos teintureries de grand et de petit teint, cinq mille travailleurs pourvoient aux manipulations diverses, ci .	5,000
Cinq mille autres sont répartis dans nos fabriques de toiles peintes, ci.	5,000
La fabrique et le *boutage* des cardes emploient , dans nombre de villages, les femmes et les enfants ; on évalue ces ouvriers à six mille au moins, ci	6,000
	107,000

Et si nous voulions énumérer tous les citoyens qui, dans la Seine-Inférieure, attachent leur existence au travail et au commerce du coton, tels que les blanchisseurs, apprêteurs, roussisseurs, couvreurs de rouleaux, canneleurs, brossiers, éperonniers, quincailliers, passementiers , fabricants de rubans , de bretelles , de bonneteries ; les négociants , commerçants et marchands de toute espèce , avec leurs commis et employés , nous ferions voir que 150,000 familles et plus de 400,000 individus sont intéressés à nos succès comme à nos revers.

Si nous réclamons pour nos produits de grandes et constantes consommations , c'est que nous sommes de grands et constants consommateurs des produits des autres.

Nos propres filatures ne suffisent pas au travail du tissage , de la teinturerie et des toiles peintes dans nos localités : l'Alsace , Lille , St-Quentin , Roubaix , Paris ; les départements de l'Eure , d'Eure-et-Loir , de l'Orne , du Calvados , de l'Aisne , de la Somme et autres , soutiennent leurs fabriques cotonnières en alimentant les nôtres.

Nos fabricants de tissus entretiennent un grand nombre de tisserands dans les lieux voisins , surtout en Picardie.

Nous aidons puissamment l'agriculture, non pas seulement par la consommation du pain, des légumes , du vin , du cidre , des eaux-de-vie et des vinaigres , mais par celle des bestiaux , de leurs lainages , de leurs cuirs , de leurs suifs , et par l'emploi des huiles d'olive, de lin , de rabette et de colza , des gaudes , des garances et autres plantes tinctoriales. Nous encourageons fortement l'éducation des chevaux, et non moins la prcduction des chanvres , des lins et des soies , qui partout aujourd'hui se mélangent avec le coton , et , *grâces à lui , trouvent un écoulement plus facile.*

Nous sommes , pour les propriétaires fonciers, possesseurs de cours d'eau et de prairies, des fermiers relativement plus considérables que ceux des terres agricoles : que d'arpents de terre, utilisés par nos industries, rapportent chacun de deux à quinze mille francs de loyers !

Les propriétaires forestiers , au premier rang desquels est le gouvernement , s'enrichissent de nos dépenses en combustibles et bois de construction.

Nous encourageons l'exploitation des mines , des forges et hauts fourneaux , des houillères , des fabriques de colles , de produits chimiques , celle des moulins à broyer ou

effiler les substances tinctoriales , des aciéries ,
des quincailleries , des tréfileries de fer et de
laiton , des ferblanteries , des draperies et des
tanneries : nous ne finirions pas s'il fallait
rappeler toutes les industries qui sans cesse se
rattachent aux nôtres.

Demandez aux papetiers pour combien
nous comptons dans le placement de leurs
produits ;

Aux verriers et vitriers, de quelle importance sont nos consommations ;

A la marine commerciale française , ce que
deviendraient ses vaisseaux , ses armateurs ,
ses officiers et ses matelots , sans nos ports du
Havre et de Rouen , qui comptent quasi seuls
aujourd'hui par le commerce des matières
qu'emploient nos cotonneries ?

Ces vignerons du midi , ces commerçants de
Bordeaux , de St-Jean-d'Angély , de Mar-
seille, de Cognac , tous ces hommes qui crient si
haut contre les douanes qui nous protègent ,
vous diront , s'ils veulent être de bonne foi ,
si nos consommations ne valent pas bien celles
des Anglais , des Suédois et des Russes , quand
nos facultés ne sont pas amoindries par la
contrebande , qui nous ruine aujourd'hui.

Les machines que nous avons acquises avec tant de peines , que nous entretenons avec tant de frais ; notre mobilier industriel de toute sorte ; nos capitaux circulants ; les édifices manufacturiers ; la main-d'œuvre que nous payons chaque année ; nos contributions directes et indirectes; nos acquits en douanes , octrois , droits d'enregistrement , que multiplient nos transactions et nos affaires contentieuses; enfin , le fond matériel et les mouvements incalculables résultants de nos travaux , représentent annuellement pour la France *plusieurs centaines de millions* , dont il importe essentiellement au pays de conserver l'action et les fruits.

CHAPITRE II.

Etat de souffrance de l'Industrie cotonnière.

Ce serait un magnifique spectacle que celui de nos industries cotonnières, *si le profit qui leur est indispensable pour se soutenir et s'étendre , répondait au succès ma-*

tériel de la fabrication , à l'activité , à la dextérité, au génie de la plupart de nos travailleurs.

Mais le travail est, chez nous, atteint d'une langueur qui le paralyse et peut devenir mortelle. Presque tous les ateliers de construction des machines sont frappés d'inertie. Les artistes sont oisifs. Plusieurs d'entre eux, ne pouvant plus soutenir des exploitations onéreuses, ont succombé. Nos filatures ont , par leur propre détresse , provoqué celle des ateliers de construction.

Les embarras du commerce ont atteint la fabrique des tissus, et tout à la fois la peinture des toiles. Des réactions fâcheuses ont ainsi perturbé les travaux de toutes nos industries qui, intimement liées entre elles, sont enveloppées dans une même disgrace , et entraînées vers une ruine générale.

Nos manufacturiers et fabricants sont aux abois ; leurs ouvriers sont misérables et craignent de mourir de faim. Ce sort leur est inévitablement réservé, si des remèdes efficaces ne sont promptement accordés à nos maux.

De jour en jour la mendicité croît. La
charité n'est point inactive , mais la bienfaisance ne pourra long-temps s'exercer; et d'ailleurs le remède n'est point dans l'aumône :
*il n'est que dans le travail, et partout le travail
est compromis !*

De toute part on se plaint et l'on réclame :
ce sont ces doléances unanimes qui , rendant
enfin le gouvernement attentif , ont motivé
les *enquêtes* auxquelles nous procédons pour
ce qui concerne l'industrie cotonnière.

Que de faits graves, douloureux et sinistres,
font la matière de ces enquêtes !

Une juste circonspection , qu'approuveront
nos mandataires , et que le gouvernement
appréciera dans sa haute sagesse, nous com-
mande de raccourcir le tableau de nos souffrances. Il est, dans la douleur publique , des
faits à respecter.

Mais nous devons dévoiler toutes les causes
du mal; c'est là principalement que reposent
notre mission et l'accomplissement de nos devoirs : remplissons-les !

CHAPITRE III.

Causes de cet état de souffrance.

Ici se présentent quelques-unes des plus grandes difficultés attachées à notre mission.

Sur *les causes du mal*, nos recherches ont été pénibles.

Nous allons en exposer les résultats, et nous y apporterons toute la franchise qui nous est imposée.

Naguères on a blâmé l'étendue de nos travaux. On a voulu rejeter sur nous-mêmes les causes de la souffrance que nous éprouvons : *on a soutenu que la France produisait trop.*

Nous répondons, *preuves en main, que la France ne produit pas trop, qu'elle ne produira jamais trop, tant qu'on saura lui ménager les débouchés nombreux qu'elle a en perspective, soit intérieurement, soit extérieurement ; c'est-à-dire quand elle sera bien administrée.*

La cherté du pain a déjà donné un démenti fâcheux, mais positif, à ceux qui acousaient le laboureur d'inconsidération, et l'agriculture d'une production démesurée. Ce sujet se rattache au nôtre, parce que toutes les branches du travail national sont inséparables dans leurs relations.

Cependant l'agriculture a ses défenseurs spéciaux dans l'enquête ordonnée : nous ne nous occuperons donc ici que de l'industrie cotonnière, et surtout de celle exercée dans le département de la Seine-Inférieure.

Les causes de sa détresse sont :

1° La contrebande des produits suisses, belges, saxons, allemands et anglais ; la non exécution des lois prohibitives et répulsives de ces produits ; le fardeau trop lourd des impôts directs et indirects ; celui des droits de douanes sur les matières premières propres à la construction des machines, à la filature, à la teinturerie, à l'impression des indiennes ; l'ignorance où sont les producteurs sur les faits d'administration publique et autres qui influencent la production et la consommation ; la tolérance, en faveur de Tarare, pour l'introduction des filés fins anglais ; le défaut de confiance et de sécurité, qui nous alarme sur l'avenir, et contribue à paralyser les affaires ; le haut intérêt de l'argent ; les ventes à l'encan ; la loterie royale ; les loteries clandestines et les jeux de hasard ; la non exécution du code de commerce en ce qui concerne les faillites ; les droits de navigation, de pesage et de mesurage publics, d'amarre aux quais ; les prises d'eau, sur les canaux, en faveur d'établissements privilégiés ; les retards qui s'ensuivent dans la navigation, et l'influence de ces retards sur le prix des marchandises ; la cherté du fret et des transports ; le mauvais état des grandes routes ; l'introduction des tissus étrangers, notamment des *nankins de l'Inde*, quoiqu'assujétis à des droits tarifés ; enfin, la misère nationale et le défaut de consommation intérieure.

2° La contrebande anglaise dans nos colonies ; la cessation de nos relations commerciales avec l'Italie, la Sardaigne, la Prusse, l'Espagne, les peuples de l'Orient ; l'incapacité de nos consuls, ou la mauvaise direction imprimée à leur conduite ; les torts de notre politique envers Haïti et les nouveaux gouvernements de l'Amérique du Sud ; la concurrence anglaise sur tous les marchés extérieurs ; le haut prix relatif de nos marchandises exportées ; les concurrences résultant d'industries analogues aux nôtres, naissant et se développant chez des peuples qui, jadis, recouraient à nos produits ; l'insuffisance et la mauvaise assiette des *primes* que nous recevons du gouvernement; son manque de protection envers nos commerçants au dehors ; enfin , et au respect de nos produits, la presque nullité des consommations extérieures.

Telles sont *les causes principales et irrécusables de la gêne que nous ressentons, des catastrophes qui nous menacent.*

Entrons, à cet égard dans quelques détails.

§ Ier. La Contrebande.

Les filatures françaises ne confectionnent pas *annuellement , et déduction faite des déchets de toute espèce , au-delà de 26 millions pesant de kilogrammes de coton.*

Si l'on considère que ces cotons s'emploient en ouates, cordes, lacets , cordonnet, sangles, frangerie , passementerie , sellerie , rubans , bretelles, tirants de bottes; mèches de cierges , bougies , chandelles , lampes , quinquets et réverbères; linge de corps et de table; ameublemens ; parapluies ; lames pour le tissage ; fils à coudre et à broder ; toiles cirées et goudronnées ; blouses ; couvertures et courte-pointes de lits ; pagnes, hamacs, futaines, coutils, draperies, soieries, velours, tapisseries, toileries, piqués, tulles, mousselines, indiennes, rouenneries, tissus, et ouvrages sous mille aspects différents, *on verra que la France consomme annuellement plus de coton que ses manufactures lui en fournissent.*

Nous avons, à ce sujet, établi des calculs très-modérés, pour l'appréciation des produits annuels de chaque branche de fabrication, et nous avons de même évalué les consommations correspondantes.

S'il est utile de le faire pour la défense ultérieure de nos interêts, nous n'hésiterons pas à rendre ces calculs publics.

Il sort d'eux une vérité désolante pour nos fabriques : *c'est qu'elles ne produisent, tout au plus, que vingt-six millions pesant de kilogrammes en filés ; que nous en exportons à peine deux millions en ouvrages façonnés ; qu'il n'en reste chez nous que vingt-quatre millions ; et que, néanmoins, les français en consomment chaque année plus de trente-cinq !*

Qui donc fournit à la France cet énorme excédent que ses fabriques ne peuvent lui procurer ?

La fraude, la contrebande qui nous dévorent au profit de l'étranger ! !

Et les hommes qui coopèrent à cet infâme trafic , croiront éteindre nos justes clameurs en s'écriant *que le mal vient de nous-mêmes , que nous produisons trop ! ! !*

Sans doute, nous produisons trop, si les consommations françaises restent plus long-temps la proie des étrangers !

Il n'y a pas chez nous de place pour leurs produits et les nôtres.

La contrebande est tellement active , certaine , effrontée , que la *prime de garantie* ne s'élève aujourd'hui que de 8 à 12 pour cent : elle était autrefois de 40 à 50. A Liverpool, à Londres , à Manchester , les anglais affichent publiquement *la liste de leurs expéditions pour France.*

Ils s'en vantent au sein de leur parlement, et se félicitent du secours que cette fraude porte à leurs fabriques et à leur trésor.

En dirons-nous autant ?

La contrebande nous accable. *Elle absorbe*

les meilleures ressources qu'il soit possible de trouver dans nos consommations : elle rend toute lutte impossible sur nos propres marchés.

Les succès des fraudeurs sont d'autant plus fâcheux pour nous , que leurs entreprises portent principalement sur l'introduction des *marchandises de prix , les filés fins , les tissus fins , les tulles , mousselines , piqués et autres articles de ce genre que produiraient les fabriques françaises fortes de la protection promise par les lois.* Mais elles ne purent s'y adonner en présence d'une pareille concurrence , qui les ruinerait infailliblement , et dont le premier effet est de les frapper de langueur en les retenant dans un état de gêne et d'imperfection.

La contrebande n'arrête pas seulement l'essor des manufactures françaises qui , à Lille , St-Quentin , Paris , en Alsace , et ailleurs , se destinaient expressément aux *filés fins* et *extra-fins :* elle oblige à rétrograder celles qui déjà s'y livraient avec quelqu'étendue , et les contraint à se rejeter sur la production des *gros et des moyens.*

Et les filatures formées dans le département de la Seine-Inférieure, produisant depuis long-temps ces dernières sortes pour le placement desquelles existait localement une concurrence excessive, ont vu cette concurrence dépasser toutes limites, redoubler encore d'une manière effrayante et préparer la ruine de tous les concurrents.

Ainsi, et quoique vraiment *nos fabriques ne produisent pas trop en cotonnerie, généralement considérée*, elles sont toutes placées dans une fausse et dangereuse position, *par suite de leur application forcée à des travaux semblables, dont les produits sont destinés à des consommations maintenant trop restreintes.*

L'étranger fournit nos classes riches; il ne nous reste à pourvoir que nos classes moyennes, pauvres ou peu fortunées, dont les facultés consommatrices s'éteignent de jour en jour avec le travail qui les leur procurait.

Tels sont, sous une administration qui se vante sans cesse de connaître et d'assurer les intérêts généraux du pays, les désastreux effets de l'action étrangère sur nos marchés, *et la cause fondamentale de notre état de souffrance.* Chaque jour il nous conduit vers l'anéantissement.

Quand le travail cessera, que deviendront les populations et l'ordre intérieur ?

§ II°. *Non exécution des Lois.*

De tous les dangers que courent les peuples dont l'existence sociale est attaquée , en est-il un plus grand que celui résultant de la non exécution des lois reconnues nécessaires au maintien de la paix publique par le travail , au développement des prospérités nationales par les succès de l'industrie ?

Si la non exécution des lois provient de la négligence ou de l'impéritie des agents publics, il est urgent de les remplacer par de plus dignes mandataires : si le mépris des lois provient de la démoralisation et de la cupidité , le pays est perdu !

Promettre protection aux citoyens travailleurs et transformer cette promesse en une œuvre de déception , c'est donner un funeste exemple de désobéissance aux plus saints engagements; c'est servir la cupidité et le vol aux dépens des hommes laborieux ; c'est encourager le brigandage en dupant ses victimes, et se rendre, tout-à-la-fois, coupable de déloyauté , de trahison.

Si la contrebande *proscrite en apparence* et

non reprimée de fait est la cause première de nos maux, quels reproches ne devons-nous pas adresser aux dépositaires de l'autorité ? quels soupçons ne devons-nous pas élever sur la conduite d'agents publics si fort en arrière de leurs devoirs et qui paraissent, soit par incapacité ou par connivence, se prêter à l'accomplissement de la ruine nationale ?

Nous l'avons déjà remarqué en commençant ce Mémoire : la législation qui doit nous protéger est positive. Sous ce rapport essentiel, nous n'avons rien à réclamer du gouvernement. *Les principes conservateurs de nos droits et de nos fortunes ont été solennellement proclamés dans un grand nombre de lois, soit de l'ancien, soit du nouveau régime.* Nos Rois les ont même *corroborés depuis la restauration ;* et la loi du 28 avril 1816, entr'autres, atteste leur sollicitude : *qui donc ose la méconnaître et nous en refuser les fruits ?*

§ IIIe. *Tolérance accordée en faveur de Tarare, pour l'introduction des Filés fins anglais.*

Il existe, et nous nous en plaignons, une exception tacite à l'exécution des lois prohibi-

5*

tives des marchandises étrangères. Cette exception a été furtivement stipulée en faveur de l'Angleterre et en considération , dit-on , *des besoins qu'éprouve à Tarare la fabrication des mousselines.*

De hauts fonctionnaires , auprès desquels nos manufacturiers ont réclamé contre un tel abus , ont répondu : *Nous ne permettons pas l'entrée des filés fins anglais ; seulement , nous fermons les yeux sur cette introduction lorsque les marchandises sont dans Tarare.*

Cette complaisance qui accuse la surveillance des préposés aux douanes , *puisque les marchandises arrivent sans saisie de la frontière à Tarare ; cette tolérance si bien calculée, puisqu'elle a tout son effet nonobstant le service des douaniers ,* sert de prétexte *à une contrebande énorme qui n'est point l'un des moindres éléments de notre misère.*

Non seulement il entre ainsi une très-forte masse de filés , *mais encore de si grandes quantités de tissus , que de loyaux fabricants de Tarare s'en plaignent et en demandent la répulsion.* Leurs griefs à cet égard sont consignés dans les *procès-verbaux d'enquêtes rédigés à Paris :* on doit en conclure *que des tararois*

*secondent à la fois la fraude des filés et celle des
étoffes fabriquées.*

Loin de *fermer les yeux* sur ces actes repréhensibles , il fallait au contraire les ouvrir et sévir contre des excès devenus extrêmement nuisibles à toutes nos manufactures.

Mais par une *conduite arbitraire et coupable ,* on a laissé *l'exception à la loi* recevoir *toute l'extension que les contrebandiers ont voulu lui donner ; et la loi elle-même ,* dans ses dispositions absolues *qu'on ne pouvait modifier sans le concours des trois pouvoirs , n'est nulle part observée !*

Tarare , petit pays privilégié à nos dépens et à ceux d'une partie de ses propres industriels ; Tarare , dont on fait la fortune en perdant la nôtre , a , dit-on , *un indispensable besoin des filés fins anglais en n°* 180 *et au-dessus.*

Il y a long-temps que les filatures françaises auraient fait justice de cette absurde nécessité qui les prive de leurs consommateurs naturels *en filés fins ,* si on leur en eût laissé l'occasion , si on ne les avait découragées dans leurs travaux de perfectionnement.

Ici repose un mystère de fraude que nous allons découvrir.

Tarare et son arrondissement manufacturier, ne comptent pas plus *de 16 à 1700 métiers en cotonneries diverses* : tous ces métiers ne sont pas employés au tissage des mousselines en n° 180 et au-dessus. On sait qu'à peine 100 métiers y sont constamment affectés ; car on peut d'ailleurs se rendre exactement compte de ce genre de fabrication et de son importance dans les consommations générales.

Cette fabrication n'est pas capable, en forçant même les calculs, d'absorber au-delà de 10,000 kilogrammes de filés par an.

Nous ne jalousons point l'industrie *des français de Tarare ;* nous voulons seulement dire *que la manière dont plusieurs d'entr'eux l'exercent ,* cause un immense préjudice à des fabriques nationales mille fois plus considérables.

Les filatures françaises , dûment encouragées , *fourniraient les filés dont Tarare a besoin.*

Les fabricants de ce canton *ont même employé des filés français , et avec succès ,* à une époque où les anglais ne trouvaient pas de protection sur nos marchés ; et à une autre où ceux-ci, depuis la paix, dirigeaient ailleurs leurs expéditions.

Si, du moins, il n'entrait à Tarare que 8 à 10,000 kil. de filés anglais , ce serait déjà un très-grand mal pour nous, et cependant , de l'aveu même des tararois qui ont intérêt sur ce point à déguiser la vérité *puisqu'ils vivent de contrebande*, il en a été introduit , dans une seule année, *plus de* 67,000 *kilogrammes* ; quantité qui représente plus de quinze cent mille livres métriques de nos filés ordinaires dans la Seine-Inférieure.

Si l'on en croit les rapports commerciaux qui abondent de toute part, *Tarare est un vrai marché anglais , au centre même de la France.*

C'est à la contrebande qui s'y effectue au mépris de nos lois, que l'on sacrifie des millions d'entrepreneurs et d'ouvriers français qui tirent immédiatement leur existence du travail du coton, à Paris, en Alsace , en Lorraine , en Champagne , en Flandre , en Artois , en Picardie et surtout en Normandie !

Ne nous y trompons point : *les mousselines ne sont qu'un prétexte* pour couvrir les actions de la plus vile , de la plus désastreuse cupidité !

On redouble d'efforts pour en conserver le lucre déshonorant.

On a dernièrement imprimé que Tarare emploie 5o,ooo *ouvriers* : le canton n'a pas , *même en habitants* , ce qu'on lui alloue en travailleurs.

Mais Tarare occupât-il 5o,ooo ouvriers , ce qui est faux , tous ne travaillent point *aux mousselines*. Le pays compte aussi des propriétaires , des laboureurs , des artisans , des journaliers , des fabriques d'indiennes communes, de grosses cotonneries, *de toileries en lin et en chanvre*, qui, certes, n'ont pas besoin de *filés anglais au n°* 18o !

Et si les renseignements que nous possédons nous trompent , *si Tarare est important en fabrications cotonnières*, c'est un motif de plus pour en arracher promptement l'exploitation aux anglais : il serait par trop inconsidéré , par trop immoral, par trop funeste *de la leur laisser davantage*.

§ IVe. *Défaut de confiance et de sécurité*.

Le ministère déplorable a semé l'alarme dans toutes les classes sociales qui concourent à l'action du commerce et de l'industrie. Les créatures d'une administration odieuse à la France, infestent encore presque toutes les fonctions publiques, et l'on redoute de voir renaître ce ministère, objet de tant de ressentiments fondés. Le présent n'offre point aux citoyens de garanties suffisantes pour l'avenir. Le passé a fait disparaître toute illusion ; il ne nous laisse, avec nos maux, que de tristes réalités. Les craintes secrètes de commotions, qu'un faux système renouvelé ou prolongé rendrait inévitables, ont produit une telle torpeur dans les affaires, que toutes les branches de production sont atteintes du défaut général de consommation. Les doléances de tous les industriels et commerçants français attesteront que l'expression de nos angoisses n'a rien de spécialement local, et que les inquiétudes n'en sont que plus fondées, puisque, d'un bout de la France à l'autre, elles sont unanimes.

Les attaques insensées contre la Charte constitutionnelle semblaient, chaque jour, remettre en question notre pacte fondamental.

La lésion des intérêts manufacturiers et commerçants annonçait dans le gouvernement des intentions fatales au travail , au progrès des lumières, dont il ne peut se passer pour maintenir ses opérations à la hauteur de la civilisation et des exigences sociales.

Quantité d'écrivains, qu'on pourrait croire aux gages des ennemis de la France, s'abandonnent publiquement à de folles théories, et préconisent ce que l'Anglais appelle *commerce libre entre tous les peuples* : on s'aperçoit que des *hommes d'état*, aux mains de qui nos destinées sont remises, du moins dans les conseils du Prince, inclinent en faveur des ces théories, dont l'effet le plus certain, si le malheur voulait qu'on nous les appliquât , serait la destruction immédiate de nos établissements. Nous pouvons juger, par les résultats de la contrebande qui nous a mis où nous sommes, ce qui adviendrait plus complètement encore *de ce commerce libre*, si fort convoité *par nos rivaux, qui seuls en recueilleraient les fruits.*

Enfin, dans une telle situation, dans de telles expectatives, les manufacturiers, privés de la protection publique , semblent devoir être abandonnés aux chances des hasards les plus désastreux, à tout ce que les calamités nationales ont de plus effrayant.

Les capitalistes en deviennent ombrageux : ils retirent successivement leur appui aux indu.triels et aux commerçants ; et les entreprises , privées des capitaux qui les vivifiaient , sont frappées d'un engourdissement voisin de la mort.

Voilà les influences ruineuses et tout-à-la-fois épouvantables du *défaut de confiance et de sécurité*. Elles se produisent du gouvernement à la nation, des capitalistes aux commerçants, de ceux-ci aux industriels et à leurs ouvriers.

De combien de réflexions douloureuses nous pourrions appuyer ces considérations, si déjà elles ne ressortaient suffisamment de notre Mémoire en général ; si nous n'aimions à nous persuader que le gouvernement connaît *les faits* aussi bien que nous-mêmes, et que, pour satisfaire à de royales intentions, il y portera bientôt remède !

§ **V**e. *Ignorance où sont les Producteurs sur les faits d'Administration publique et autres , qui influencent la production.*

Nous devons distinguer , parmi les causes que nous examinons, *l'ignorance où sont les* producteurs sur les *motifs qui influencent la production.*

En parlant de cette *ignorance*, nous n'entendons point signaler ce qui touche *aux pratiques manufacturières* : sous ce rapport, les capacités individuelles suffiraient au succès de nos opérations.

Mais il est *des motifs qui influencent plus ou moins directement la production*, et que les manufacturiers, sous l'empire d'un gouvernement attentif et loyal, devraient connaître par prévoyance, au lieu d'être subitement livrés à des événements fâcheux et presque toujours irrémédiables.

Beaucoup, parmi ces causes de perturbations onéreuses, tiennent à *l'administration intérieure du pays; à ses relations politiques au dehors* : l'industriel qui ne peut les deviner, et qui se conduit d'après des conditions jusques-là connues, voit tout-à-coup ses opérations troublées et assujéties violemment aux conséquences de faits qu'il est hors son pouvoir de maîtriser.

Sans nuire à la *marche du gouvernement en ce qui concerne le dehors*, il est du moins des *choses sur lesquelles on nous donnerait de l'ins-*

truction, si tous les fonctionnaires publics remplissaient leurs devoirs.

Sous l'ancien régime, le gouvernement publiait quelquefois des documents intéressants pour le commerce ou l'industrie, et que fournissaient, soit les intendants de provinces, soit les consuls à l'étranger, soit les inspecteurs généraux des manufactures.

En Angleterre, les travailleurs sont guidés sans cesse par une foule de publications basées sur des renseignements officiels et provenant, soit des ministères, soit des particuliers, qui se les procurent aisément auprès des autorités.

En France, les cartons des préfectures sont remplis d'une foule de *documents statist: ques,* parmi lesquels un grand nombre se rapportent au commerce, au travail, à la production. Le gouvernement sait les mettre particulièrement à profit, surtout en matière de fiscalité. Jamais nous n'en avons connaissance ; et cependant la publication de ces documents, dont nous payons la récolte, serait pour nous d'une grande importance.

C'est probablement dans des vues d'utilité, telles que nous les concevons ici, qu'un *ministère du commerce* a été créé en *France.*

En quoi, depuis deux années qu'il nous coûte *un million*, ce ministère a-t-il mérité de nous quelque reconnaissance ?

N'est-ce pas précisément depuis qu'on nous a donné *un protecteur spécial auprès du gouvernement*, que nos affaires vont en déclinant, qu'elles sont menacées d'une subversion totale ? Ceci tient-il *aux personnes* ou à *la nature des choses* ? Le ministère a-t-il jamais prescrit *la répression de la contrebande* ? ferme-t-il partout les yeux comme il les ferme pour Tarare ?

Sous son administration qui devrait nous éclairer, nous marchons en aveugles dans le chemin le plus hérissé d'épines.

Savons-nous ce qu'il faut, *dans l'intérêt national*, entreprendre, étendre ou restreindre en production ? savons-nous sur quels objets nous devrions principalement nous porter pour faciliter le commerce extérieur ? savons-nous même quel accueil nous devons espérer dans telle ou telle contrée étrangère ? Le gouvernement s'associe à nos profits : pourra-t-il long-temps les partager, *s'il ne les assure par une instruction nécessaire qui fait partie de la protection qu'il nous doit ; s'il ne les rend certains par une direction raisonnée et probable vers un but fructueux ?*

§ VIe. *Causes diverses, intérieures et locales.*

Les industriels sont amis de l'ordre et de la paix : nous n'avons donc point intention de nous livrer à des récriminations politiques.

Occupés à la recherche des causes de notre détresse, nous devons simplement dire qu'une des œuvres du précédent ministère, le paiement *d'un milliard d'indemnité*, retranche beaucoup de nos facultés propres et de celles des consommateurs de nos produits.

Ce fardeau nous paraît d'autant plus lourd que presque tous les manufacturiers et les commerçants ne sont pas encore totalement remis des commotions qui ont altéré leurs capitaux par suite 1° du retrait des droits imposés sur les cotons en laine, à l'époque de la cessation du blocus continental; 2° des pertes immenses que leur causa l'introduction de cette énorme quantité de marchandises anglaises, marchant et s'emmagasinant d'étape en étape, à la suite des armées libératrices; 3° des malheurs résultant de deux invasions; 4° d'un événement plus récent, où la politique nous victima de nouveau par cette guerre depuis laquelle les Anglais, profitant de nos fautes, ont ravi nos relations commerciales avec la péninsule espagnole ; 5° de la grande crise commerciale de 1825; 6° de la fermeture successive de nos débouchés en Prusse, en Piémont, en Italie, en Sardaigne, dans le Levant et même dans nos propres colonies.

Par une conséquence inévitable de tous ces malheurs, nos fabriques ont reçu des atteintes que reproduisent et entretiennent les vicissitudes actuelles. Nos plaies sont profondes : une main sage, mais habile et ferme, peut seule les cicatriser.

Nous ne pensons point que l'accroissement indéfini des contributions et des impôts soit un signe irrécusable de l'augmentation du bien-être individuel, source de la prospérité nationale : les axiomes du fisc sont démentis par la situation de nos ouvriers et par la nôtre.

Un milliard d'impôts annuels est une surcharge accablante, mais prête à cesser, par son excès même, pour une nation qui ne le gagne plus.

Les taxes immodérées ne peuvent long-temps être acquittées, quand il faut les ôter du *strict nécessaire* à l'existence personnelle et que le travail ne fournit plus ce *strict nécessaire* : le devoir d'une foule de citoyens sera de songer désormais à la subsistance de leurs familles, avant de subvenir aux scandaleuses profusions ou aux rapides fortunes des serviteurs du pouvoir.

Les doléances sont unanimes sur *les droits réunis*, qui se perpétuent malgré de hautes et solemnelles promesses : leurs quotités et leur mode de perception, devenus intolérables, excitent de très-vifs et de très-justes mécontentements. Nous joignons nos plaintes et nos vœux à ceux des vignerons et des commerçants en boissons, qui rédigent à ce sujet des cahiers spéciaux.

Les octrois dits *de bienfaisance*, détournés de leur destination primitive, partagent notre réprobation : il n'est que trop facile de démontrer qu'ils sont incompatibles avec les besoins de la production, que l'on asservit de plus en plus aux exigences du *bas prix*. Les marchandises ne peuvent y atteindre, lorsque le prix des comestibles et des boissons reste élevé par le fait même des taxes publiques. Il y a contradiction entre les mesures financières et la possibilité de produire, pour satisfaire en même temps à ces mesures, aux nécessités réelles des familles travaillantes, et aux concurrences commerciales suscitées immodéremment par l'action étrangère qu'on tolère frauduleusement.

Nous comprendrons dans nos plaintes la loterie, mal-à-propos appelée *royale*, et dont l'immoralité , malgré de premiers redressements, révolte la nation. On n'aime point à voir, dans un jeu inégal et trompeur, le gouvernement, sûr de ses chances calculées, présenter l'appât et se mettre aux prises avec les citoyens qu'il dupe. Les facultés que la loterie procure à quelques buralistes, ne compensent point celles qu'elle enlève aux classes peu fortunées, qui se vêtiraient et animeraient nos fabriques avec les millions qu'engouffre *la roue de fortune* : le trésor a des moyens plus honorables à employer pour puiser dans les bourses françaises, jusqu'ici si généreuses envers lui !

S'il faut malheureusement une loterie pour satisfaire à la folle passion de quelques joueurs qui porteraient leurs fonds à l'étranger, ce ne sont pas nos classes pauvres ou mal-aisées

qui serviront les roues de Londres, d'Amster-
dam, de Hambourg, de Vienne, de Milan
et de Naples.

Nos campagnes, les jours de repos et de
fête, sont envahies par les loteries clandestines et les jeux de hasard : nos villes elles-
mêmes en présentent à chaque pas le spectacle
hideux. Des ouvriers déguenillés vont y en-
gloutir les dernières ressources de leurs enfants.
Nous ne voyons pas que la police, si souvent
méticuleuse pour d'autres faits bien moins im-
portants, s'occupe à garantir le peuple du
trafic des filous.

Pourquoi, lorsque nous acquittons tant et
tant de contributions légales, pour assurer
tous les services publics, payons-nous encore
une foule de droits bâtards, sous le nom
d'*amarre aux quais*, et dix autres dénomi-
nations que nous ne lisons point dans nos lois
de finances ?

Dans un des chapitres de la seconde partie
de ce Mémoire, nous nous étendrons *sur les
droits de douanes* qui frappent nos matières
premières, soit de constructions des machines,
soit de filature et de teinturerie ; sur ceux de
navigation, enfin, sur un grand nombre de

causes qui influencent et ruinent la production , et dont l'énumération ressortira mieux
étant jointe à des faits dont nous croyons ne
pas devoir la séparer.

Nous ne terminerons cependant point ce
paragraphe sans y consigner quelques considérations sommaires *sur la misère nationale et
le manque de consommations à l'intérieur.*

Dans toutes les parties de la France reten-
tissent des plaintes sur l'état actuel du commerce et de l'industrie ; sur l'extrême misère
qui atteint les populations , même les plus
laborieuses.

L'agriculture a longuement souffert du bas
prix des céréales et de celui des laines de
moutons : peu de laboureurs , à la suite d'une
mauvaise récolte , ont profité du haut prix
des grains ; les vignerons ne trouvent point
le débit de leurs vins , surtaxés aux octrois
et aux droits réunis. Les journaliers, les ouvriers industriels sont presque partout réduits
au dénûment. La mendicité croît là où le
travail en défendait les populations. Les entrepreneurs se retranchent dans de sévères éco-
nomies. Cent consommations diverses en sont
arrêtées : partout les capitaux et les crédits

se transforment en marchandises invendues ou sacrifiées à vil prix.

Ce n'est donc point chez un peuple ainsi gêné, ou, pour mieux dire, souffrant et misérable, lorsque d'ailleurs l'étranger vient encore le priver de ses dernières ressources, que l'industrie et le commerce, si ce n'est celui des contrebandiers, peuvent prospérer par des consommations actives et convenables.

Toujours occupés que nous sommes à *la recherche des causes*, tâchons encore d'en dévoiler plusieurs.

Nos fabriques cotonnières n'ont pas sensiblement augmenté depuis 1824 : il y a eu beaucoup de mutations, mais non pas accroissement remarquable d'importance et de produits.

Alors, nos marchandises s'écoulaient sans trop de difficultés; la consommation intérieure était pour eux suffisamment active. Les profits n'étaient pas grands, mais on savait s'en contenter et l'on désirait leur continuation.

A cette époque, *la prime de contrebande*, pour les marchandises anglaises, n'était pas au-dessous de 3o à 35 pour 100, au lieu de 8 à 12 qu'on paye aujourd'hui.

Ou la contrebande est encore plus considérable que nous ne l'avons ci-devant évaluée,
et alors la fraude nous est d'autant plus pré-
judiciable ; ou *la France, privée de facultés
pour la consommation de ses produits nationaux, est maintenant, et comme nous, réduite
à une excessive détresse.*

*Car les cotonneries sont nécessaires à ses ha-
bitants ;* et, s'ils ne consomment pas les nôtres,
il faut , ou qu'ils soient approvisionnés de
celles de l'étranger , ou qu'ils se trouvent absolument hors d'état de consommer.

Ce raisonnement est d'autant plus juste ,
que l'on ne peut pas dire que les Français
sont dégoûtés des marchandises cotonnières ,
puisqu'on ne voit pas les consommateurs se
rejeter sur les soieries , les draperies, les toileries de lin, à l'exclusion *du coton, qui domine dans les fabrications françaises appro-
priées aux usages des deux sexes.* Et d'ailleurs,
les fabricants de toutes autres sortes ne se
plaignent pas moins vivement que nous !

Il est positif que, de toute part, les productions encombrent les magasins , sans que
le travail total soit cependant disproportionné
aux besoins de trente-trois millions de citoyens.

Il l'est encore que 16 millions d'Anglais,
quoique placés dans un climat bien moins
favorable que le nôtre, consomment annuellement chez eux vingt-cinq à trente millions de
kilogrammes en cotonneries, tandis que deux
fois autant de Français n'en consomment que
vingt-quatre millions pesant en emplois analogues. Vainement on opposerait ici la concurrence des toiles de lin et de chanvre; elle
n'existe pas moins en Angleterre, où l'on a
aussi à soutenir les fabriques de ce genre,
surtout celles d'Irlande.

Le prix du pain, taxé à 25 centimes le
demi-kilogramme, au lieu de 15 centimes
qu'il ne dépasse pas ordinairement, retranche
chaque jour aux autres consommations nationales, effectuées par trente-trois millions de
Français, des sommes énormes, dont le calcul
est effrayant.

Mais les classes pauvres n'ont pas seulement
perdu ces facultés relatives que leur enlève la
cherté du pain : pour plusieurs, les salaires
journaliers ont décru; pour d'autres, le travail et les recettes ont failli. Depuis six mois,
un milliard de francs a peut-être manqué
dans les branches diverses de circulation : de

ce milliard , *cent millions seraient peut-être revenus aux fabriques cotonnières.*

L'encombrement détermine toujours *la baisse des marchandises fabriquées* : si la mévente provenait *de leur prix élevé*, elle cesserait alors. Mais nous la voyons se continuer; *elle a donc une autre cause ?* La pire de toutes serait *la misère nationale ;* les autres ne seraient que temporaires sous une administration ferme et vigilante : mais la *misère nationale ,* quel avenir elle nous réserverait!!!....

Ce n'est pas sans de puissantes raisons que nous nous sommes plaint de l'ignorance où le ministère *laisse les producteurs sur les motifs qui influencent la production.* S'il donnait pour excuse , sur ce point fondamental , qu'il con-vient de garder prudemment le silence et de s'en rapporter aux *remèdes que conseille l'inté-rêt privé* , nous répondrions qu'alors le minis-tère du commerce est parfaitement inutile aux industriels et aux commerçants qui le payent.

Et en ce qui touche ces prudents conseils de *l'interêt privé.,* nous dirons : Les relations indi-viduelles ne sont jamais assez étendues pour mettre tous les producteurs à même de bien connaître les chances générales de production , de concurrence et de consommation.

Aussi les industriels sont-ils constamment mal renseignés sur les causes directes et variables des *encombrements,* et croient-ils qu'ils ne dépendent que de causes fortuites et momentanées.

On espère toujours , faute de savoir , *que les débouchés ne tarderont pas à se rouvrir :* en attendant , on continue à travailler ; on se trompe , et on se ruine.

L'interêt privé , devenant bon conseiller , devrait décider à la suspension du travail : mais alors que deviendraient les ouvriers ? on pourrait du moins donner à leurs travaux une autre direction : mais quelle sera-t-elle aujourd'hui ? aucun de nous ne saurait l'indiquer ; et si les ventes ne se raniment pas à des prix convenables , il faudra bien que le travail cesse.

Insistons donc sur la demande *d'instruction* que précédemment nous avons faite : le gouvernement , pour nous comme pour lui , nous doit la connaissance de tous les renseignements qui peuvent éclairer notre position actuelle , afin d'en sortir , s'il est temps encore , avec le moins de pertes possible.

8

§ VIIe. *Causes extérieures.*

Au premier rang des causes intérieures, nous avons justement placé l'importation frauduleuse des produits étrangers en France.

Au premier rang des *causes extérieures*, nous placerons de même *la contrebande des marchandises anglaises dans nos colonies.*

Là, plus de frein pour l'étranger !

Réduits, dans nos exportations, à ne pas trouver place pour nos marchandises sur des terres françaises, devons-nous être étonnés des embarras et des entraves qu'ailleurs nous éprouvons ?

Que dire de nos chétifs comptoirs dans l'Inde, de nos relations faibles et ruineuses avec Haïti, les républiques de l'Amérique du sud et l'empire du Mexique ? Pendant que les Anglais y multiplient leurs affaires, nous ne savons pas faire les nôtres. Au lieu de commencer paisiblement avec les peuples nouveaux, nous les inquiétons par nos connivences politiques ; nous tracassons ces peuples par un fol appui prêté à des vieilleries féodales ; nous nous plaçons, vis-à-vis d'eux, au rang dégradé

d'agents et de fauteurs des factions apostoli-
ques ; nous nous faisons honteusement chasser
des pays où les habitants nous auraient recher-
chés sans les fautes du ministère déplorable :
tantôt nos consuls bâtards et non avoués ont
été contraints de fuir ; tantôt nos vaisseaux
furent saisis ; nos produits sont repoussés par
des taxes équivalentes à des prohibitions ; et
les aberrations ministérielles , qui semblaient
inspirées par nos rivaux jaloux , nous ont fait
traiter sur les marchés extérieurs en *parias* du
commerce et de l'industrie.

La fatalité qui nous atteignit dans l'Amérique du sud , présida de même à nos opérations
sur le continent d'Europe ; partout nous avons
mécontenté nos anciens consommateurs , et les
Anglais profitent actuellement des débouchés
dont nous jouissions autrefois.

Nous pourrions aisément multiplier ces doléances ; nous les réduirons à ce peu de mots :
les torts de la politique nous sont funestes ;
l'impéritie ou la trahison des ministres déchus,
l'application de leurs systèmes anti-nationaux
à notre commerce , sont au nombre des principaux moteurs de la détresse actuelle des

(60)

manufactures françaises , de la destruction qui les menace.

Nous n'avions déjà que trop de peine à lutter contre des causes naturelles de concurrences dans toutes les localités : la politique , au lieu de nous desservir , devait redoubler de soins et d'activité pour nous protéger.

L'industrie naît et grandit chez des peuples qui, jadis, recouraient à nos produits : l'Amérique du nord , celle du sud , l'Espagne , le Piémont, l'Italie , l'Egypte, la Russie , d'autres états encore, deviennent manufacturiers, et se livrent à des productions que nous-mêmes avions conquises sur d'autres. Bientôt les peuples de toutes les parties du monde , opérant sous l'efficace protection de leurs gouvernements, et obtenant de leur propre travail *des produits analogues*, rendront presque nulles les occasions *d'échange;* et tous, marchant de plus en plus *vers la nécessité de vivre en famille dans leurs localités* , travaillent à démontrer de fait la folie des théoriciens qui vont prêchant les avantages *du commerce libre par toute la terre.*

Les concurrences nouvelles en fabrications cotonnières naissent et se développent d'autant plus rapidement que l'industrie procède aujourd'hui par machines : ce mode met immédiatement la production à la portée de toutes les nations, même les moins populeuses. Les peuples qui débutent en cotonneries, ont encore un avantage immense sur les industriels plus anciens, celui d'éviter les tâtonnements, les épreuves, les apprentissages, les contrariétés, les pertes de temps et de capitaux que nous avons été obligés de subir pour amener l'art des fabrications au point où nous le voyons. Nous avons formé, dans toutes les branches de production, des élèves qui nous vaincront, et d'autant plus vîte que l'Angleterre développera davantage son commerce des machines, dans lequel elle peut s'assurer une incontestable prépondérance.

Les circonstances générales sont telles que déjà les nouvelles manufactures américaines, russes, espagnoles, établissent à plus bas prix que les nôtres : chez certains peuples où les populations travaillaient peu, où même le travail manquait, les fabriques se garnissent d'ouvriers qui, naguères misérables, désireux d'un moins mauvais sort, se contentent d'un salaire journalier qui ne suffirait point aux besoins des nôtres.

Sous le rapport de *la bonne qualité des produits*, nous ne le cédons à personne; souvent même, en articles du même genre, *nous l'emportons sur les Anglais*, et si notre commerce était politiquement protégé, nos teintureries en grand teint nous assureraient une supériorité manifeste.

On se récrie souvent sur le *haut prix relatif de nos marchandises comparées aux produits anglais*, et l'on impute à ce prix le motif de notre infériorité dans la lutte commerciale.

Nous devons, à cet égard, faire d'abord remarquer que beaucoup de nos marchandises cotonnières *l'emportent en qualité, et que des produits excellents sont toujours, à chances égales de fabrication, plus coûteux à établir que des produits simplement bons.*

Nous allons envisager la question *des bas prix* d'une manière générale : nous terminerons ainsi *la première partie de notre Mémoire et la recherche des causes qui influencent chez nous le commerce et l'industrie du coton.*

Il est une limite *au plus bas prix possible et équitable de toute production.*

Ce moindre prix ne peut être jamais *absolu :* il n'est que *relatif*, et dépend d'une foule de causes sociales , manufacturières et commerciales; causes difficiles à bien saisir, et qui varient de localités à localités , sans qu'aucune présente de vraie similitude.

Le moindre *prix relatif* est obtenu quand toutes les conditions de bonne et loyale fabrication sont remplies , quand le producteur et le commerçant reçoivent du consommateur une juste rétribution ; et là s'arrête le pouvoir simultané de l'industrie , de la production et du commerce renfermés dans des *bornes équitables*.

Le *plus bas prix réel des marchandises fabriquées*, lorsqu'il tombe plus que temporairement au-dessous des *véritables termes* que nous venons de poser, *ne peut plus provenir que de la gêne commerciale et des sacrifices forcés qu'accomplit le fabricant pour le placement de ses produits*. C'est pour lui, et très-certainement si la gêne se prolonge, *l'époque de la décadence*, ou de son art, ou de sa fortune.

Si cependant des circonstances indomptables déterminent la continuité du *prix avili*, l'ouvrier et l'entrepreneur perdent leur aisance ; mais l'ouvrier d'abord, dont le maigre salaire est toujours en butte aux réductions dans les calamités industrielles.

De la décadence ainsi marquée, les travailleurs tombent dans l'indigence : le travail cesse ensuite, et leur ruine est consommée.

L'obtention du *moindre prix relatif de fabrication* est, en général, l'objet des efforts très-particuliers et très-assidus des producteurs éclairés. Ce moindre prix est le point précis de la meilleure conservation possible des intérêts respectifs de l'ouvrier, des entrepreneurs, des fournisseurs qui concourent aux dépenses de la production, des commerçants intermédiaires, et enfin des consommateurs : chacun d'eux ne peut prétendre en sortir sans que cette prétention insolite soit onéreuse aux autres, et n'amène un désordre social.

Depuis long-temps tous nos produits cotonniers sont tombés même au-dessous de ce point du raisonnable équilibre entre *les choses qui doivent, non-seulement se pondérer*, mais se respecter pour mieux se conserver. En veut-on un exemple ? en voici un pris entre vingt : En 1806, un calicot moyen valait 3 f. 60 c. l'aune ; il est arrivé successivement, et sans réaction de hausse, à 75 c. Cependant les *frais*

généraux sont restés à-peu-près les mêmes ;
le prix des cotons en laine n'a fléchi que de
1 f. 75 c. ; le surplus de la différence représente *les pertes en salaires, capitaux, intérêts
et profits manufacturiers.*

La perturbation est venue, tantôt des concurrences excessives entre les producteurs fran-
cais, tantôt de l'impossibilité où plusieurs
d'entre eux, d'ailleurs fort honorables, se
trouvent de ne pouvoir convenablement soutenir le cours de leurs marchandises; tantôt
des exigences du commerce, livré aussi à d'extrêmes concurrences ; et enfin, comme motif
déjà présenté tant de fois dans ce mémoire,
du conflit élevé entre nos industriels et ceux
de l'étranger, soit que nous cherchions à
vendre au dehors, soit que nous n'opérions
que sur nos marchés intérieurs, d'où même
nos consommateurs naturels sont en grand
nombre écartés par la misère publique. *A prix
égal*, les marchandises étrangères *nous nui-
raient encore* par leur présence et par leurs
quantités, ainsi que nous le voyons en ce qui
concerne les *nankins de l'Inde.* L'existence,
sur le même lieu, *de trop d'articles de même*

sorte, surabonde à la consommation, et vili-pende les prix.

Les marchandises étrangères sont moins chères que les nôtres ? Le malheur n'en est que plus grand pour nos fabriques abandon-nées du pouvoir national. Pourquoi nos fa-bricants n'essayent-ils pas d'établir la parité ? Ils l'ont fait, ils le font sans cesse ; mais le résultat paraît impossible *dans la position rela-tive des industries française, anglaise, suisse, belge, etc.*

Si nous arrivions enfin à établir à aussi bon marché que nos rivaux, pourquoi, à leur tour, ne rétabliraient-ils pas de nouveau à meilleur marché que nous ? La nécessité d'échapper à notre concurrence les obligerait à redoubler d'efforts. Le combat du bas prix aurait néces-sairement un terme : l'une des deux nations concurrentes *serait forcément dépassée;* eh bien ! c'est nous qui le sommes par les Anglais, qu'ici nous prenons pour exemple. *Mais il ne s'ensuit pas qu'il faille abandonner celles de nos industries correspondantes aux leurs; il ne faut que les protéger* contre leurs rivales, dans nos consommations domestiques : défendons-les donc avec attention et énergie !

Mais quelles sont les causes de *notre infé-riorité relative ?* Elles tiennent peut-être *à ce que la vie est facile en France ;* à ce qu'on n'a pas besoin de *trop y travailler pour vivre,* dès qu'on peut se procurer une occupation quel-conque ; à ce qu'on n'y ressent pas la néces-sité d'efforts extraordinaires, comme ceux in-dispensables à l'Anglais, dont le sol ne vaut pas le nôtre, et qui, dès-lors, se rejette sur l'industrie manufacturière , en multipliant à outrance ses procédés mécaniques ; à ce que les matières propres à la construction des ma-chines et à leur entretien sont plus abon-dantes, moins chères et plus faciles à œuvrer chez lui qu'en France ; à ce que les usines anglaises sont établies près des mines de char-bon de terre et que l'emploi de ce combus-tible remplace , dans beaucoup de cas et presque pour rien, les services personnels des hommes ; à ce que leurs travailleurs savent mieux exécuter le travail et le simplifier , tout en multipliant les produits ; à ce que l'intérêt de l'argent commercial et manufacturier est moins élevé qu'en France ; à ce que les capi-taux y sont depuis long-temps agglomérés, plus abondants , circulant mieux et dirigés principalement vers les entreprises industrielles ; à ce que ces entreprises sont colossales et comportent relativement moins de *frais généraux* ; à ce que les canaux y sont nombreux, les routes en meilleur état, les transports plus faciles et moins coûteux ; à ce que les principaux personnages ne dédaignent pas de s'intéresser dans les exploitations manufacturières, et en deviennent l'appui auprès du gouvernement ; à ce que les Anglais possèdent éminemment l'esprit d'association , esprit que nous n'avons que très-faiblement, que le ministère a même comprimé dans plusieurs occasions remarquables ; à ce que les Anglais tentent sur tout le globe des expéditions commerciales dont nous avons à peine l'idée ; à ce que leurs pavillon protège efficacement la moindre barque chargée de leurs produits ; à ce qu'ils ont partout des consuls actifs et éclairés, qui ne se transforment point en agents de coteries politiques et restent dévoués au commerce national ; enfin à cent autres causes de supériorité relative , locale , politique et générale , contre laquelle il nous est impossible, en ce moment, de lutter à armes égales. Et nous ne sortirons point de cette funeste position *tant que le gouvernement de France ne fera point pour les Français ce que le gouvernement d'Angleterre fait pour les Anglais.*

Nous aurons successivement occasion, dans la suite de ce Mémoire , de faire ressortir les principales circonstances de notre infériorité sous le rapport du prix des marchandises fabriquées ; et l'on verra que *les plus agissantes sur notre sort* proviennent précisément d'une *action fiscale* à laquelle *nos rivaux ne sont point , comme nous, assujétis, sous le rapport très-essentiel de leurs transactions commerciales à l'extérieur.*

De tout ce que nous venons d'exposer sur les causes de notre souffrance industrielle et commerciale, naissent les réflexions suivantes, réduites à leur plus simple et plus positive expression :

Les Français doivent-ils ou ne doivent-ils pas travailler ? Tout travailleur doit-il vivre ou non de son travail ? La France agricole, industrielle et commerciale doit-elle s'anéantir devant les productions étrangères, devant les blés russes et polonais, devant les marchandises belges , suisses , saxonnes, prussiennes, allemandes , espagnoles, italiennes, américaines et anglaises ?

Devons-nous, enfin, être rayés du tableau des nations travaillantes, et passer sous le joug de nos rivales ; ou bien, tous et en masse, quitter notre territoire pour chercher ailleurs une nouvelle France mieux appropriée aux besoins actuels de l'industrie, des manufactures et du commerce ?

DEUXIÈME PARTIE.

CHAPITRE PREMIER.

Des matières premières et du mobilier industriel. — Des moyens à employer pour les obtenir au meilleur marché possible.

Les objets consommés ou œuvrés dans nos divers ateliers proviennent de la culture de la terre, de la dépouille des animaux, de l'exploitation des forêts, de celles des mines et houillères; enfin du travail de diverses manufactures, parmi lesquelles il faut distinguer les fabriques de quincailleries, de soieries, de toileries, de draperies, de colles, d'huiles, de savons, de vinaigres et de produits chimiques.

Parmi ces matières prises à leur origine, les unes sont *indigènes* et les autres *exotiques* : les transactions qui nous les procurent doivent donc être appréciées sous ces deux aspects, et nous y satisferons dans les 2e et 3e chapitres ci-après.

Dans l'usage habituel, une partie des *matières premières* se transforme en *instruments de travail*, et constitue ce que nous appelons *le mobilier industriel* : le surplus alimente l'action des instruments de travail, et, sous mille formes variées, entre dans le commerce qui satisfait aux consommations particulières, aux besoins de l'existence nationale.

Cette dernière partie des *matières premières fabriquées* n'a généralement qu'une courte durée ; il faut les renouveler fréquemment lorsque les consommations, non perturbées, ne sont point arrêtées dans leur cours naturel *qui soutient seul le travail des fabriques et conserve sa permanence obligée.*

Le *mobilier industriel* doit comporter plus de durée dans ses parties principales et, à proprement parler, ne compter, dans les consommations, que pour son entretien annuel, d'ailleurs considérable.

Cependant sa condition sous ce rapport, ne sera fixée que lorsque la création des établissements, que lorsque les inventions et les perfectionnements mécaniques seront arrivés à leur terme, soit par l'épuisement réel des combinaisons industrielles, soit par l'effet total des causes de suspension dont nous recevons déjà les fâcheuses atteintes. En l'absence de ces causes et au retour des prospérités, *le mobilier industriel*, soumis dans son existence à des augmentations et à des renouvellements incalculables, conserverait une immense importance dans le travail comme dans les consommations nationales : on peut estimer que cette importance, pour les établissements de cotonnerie française, équivaut, en ce moment, à deux cents millions de francs, *résidu d'une énorme dépense que les industriels ont supportée depuis trente années pour amener les fabrications au point où nous les voyons.*

Lorsque l'industrie est animée comme naguère nous l'avons vue, lorsqu'elle tend à s'exalter chez toutes les nations contemporaines, lorsque les concurrences à la vente des produits deviennent extrêmes sur tous les marchés, les succès manufacturiers et commerciaux n'appartiennent qu'à ceux des travailleurs qui livrent de *bonnes marchandises au plus bas prix possible*.

Il y a cependant des exceptions à ce principe comme à la plupart des règles générales, et déjà nous en avons signalé plusieurs ; mais nous sommes contraints de l'adopter ici sans modification, afin de nous faire bien comprendre dans les discussions auxquelles nous allons nous livrer.

Il est incontestable que, pour qu'un manufacturier puisse livrer ses produits *au plus bas prix possible*, il faut que tous les *éléments payables de la production* y soient eux-mêmes assujétis.

Mais *le plus bas prix possible* est une chose vague, indéfinie. Sans nous étendre ici sur cette matière que déjà nous avons traitée, nous dirons simplement : on obtiendra très-équitablement ce *plus bas prix possible pour tous les objets fabriqués* quand le travail national, bien compris et bien réglé, ne s'appliquera qu'à des choses utiles ; quand le pain, les comestibles et les boissons seront eux-mêmes au *meilleur marché possible*; quand la production sera bien en rapport avec la consommation ;

quand tous les produits se placeront facilement ;
quand il n'en restera pas trop d'invendus à la
fin de chacune des saisons ou périodes de
consommation ; quand tous les salaires seront
dans une juste proportion, soit avec les quantités fabriquées, soit avec les nécessités de
l'existence individuelle ; quand le producteur,
dans chaque branche de travail, n'emploira
que le moindre nombre d'hommes et de machines pour obtenir le maximum des quantités
à produire ; quand tous les produits se détrui-
ront rapidement, pour faire à propos place aux
nouveaux fruits d'un travail permanent ; quand
trop d'intermédiaires commerciaux ne seront
pas placés entre le producteur de matières premières et le fabricant, entre celui-ci et le consommateur définitif ; quand le lieu d'origine des
matières premières ne sera pas trop éloigné des
lieux de fabrication et de consommation ; lorsque les transports ne seront pas onéreux ; lorsque les taxes publiques ne seront assises que
pour satisfaire aux besoins réels et modérés
du pays ; lorsque toutes les productions nationales seront également atteintes par ces
taxes, ou en seront judicieusement dégrevées ;
lorsque l'intérêt de l'argent sera faible ; lorsque

tous les profits agricoles, industriels et commerciaux ne seront qu'à leur juste quotité ; que les marchandises de toute sorte ne seront ni trop rares ni trop abondantes ; que les facultés du consommateur définitif seront en harmonie avec ses goûts, ses besoins personnels et *le prix forcé des objets fabriqués*; lorsque tous les citoyens, qui doivent travailler pour vivre, trouveront aisément de l'emploi ; lorsqu'enfin le pays sera bien administré, et que ses travailleurs, convenablement instruits de toutes leurs chances par le ministre des manufactures et du commerce, n'agiront plus en rivaux ignorants, aveugles et jaloux.

Nous devons cependant faire remarquer que cette solution générale, qui montre combien nous sommes éloignés des bonnes voies, et combien il nous sera difficile de sortir des mauvaises si le gouvernement reste plus long-temps sourd à nos doléances, ne s'applique expressément qu'au cas où tout le phénomène de la production et de la consommation *s'accomplit dans l'intérieur du pays*, sans concours de l'étranger pour quelque cause que ce soit : cette solution spéciale présente l'heureux résultat d'un travail en famille...........

Alors, *le plus bas prix possible des matières premières*, résultat d'une bonne administration intérieure, *n'est que l'une des circonstances de l'équilibre général entre toutes les valeurs agricoles, industrielles, commerciales, mobilières et foncières;* entre toutes les fortunes, soit publiques, soit privées; entre toutes les conditions sociales.

Mais notre solution reçoit de notables modifications quand le pays est sous l'influence de relations étrangères ; quand il a recours *aux matières premières exotiques ;* quand il porte *au dehors partie des objets fabriqués au dedans.* Pour ne pas embarrasser nos discussions par des redites , nous continuerons ce sujet très-important dans les deux Chapitres suivants , où nous traiterons plus expressément du *commerce intérieur* et du *commerce extérieur.*

Il est aisé de voir, en ce qui concerne l'*intérieur*, que la liberté du travail et la concurrence entre tous les producteurs doivent nécessairement amener la pondération des prix pour tous les objets également utiles ; mais, en même-temps, que la tendance générale à cette pondération est forcément accompagnée de grandes et fâcheuses perturbations comme celles où nous sommes ; *parce que toutes les parties du travail préexistant ne nivèlent pas simultanément leurs résultats dissemblables quant aux prix,* et que des événements de plus d'une espèce viennent ajouter leur influence à ces perturbations.

Il est encore facile de voir que si l'administration du pays n'est point attentive aux vrais intérêts nationaux, que si elle ne remplit pas également ses devoirs de protection envers toutes les parties du travail, que si les contributions pèsent plus sur une classe de travailleurs que sur une autre, que si même on impose certaines industries qui ne peuvent supporter la taxe *et qui pourtant importent à la société pour l'emploi des populations,* le dérangement qui s'ensuit dans l'économie générale trouble l'ordre public, réagit sur toutes les branches de la production, conduit les peuples à la misère et prépare de grands malheurs.

Généralement parlant, nous ne pouvons point maîtriser le prix de nos *matières premières,* et principalement de celles que nous achetons à l'étranger : le prix des cotons en laine, celui des charbons de terre, des fers, des fontes, des aciers, des cuivres et autres métaux, des bois de contruction, des potasses, des indigos et de vingt autres articles de production exotique, dépend, non-seulement de l'abondance ou de la rareté de ces matières sur les marchés étrangers, mais des transactions commerciales plus ou moins avantageuses, mais encore des droits imposés par les peuples producteurs à la sortie des lieux de provenance, du taux des assurances, de celui du fret et du change, et enfin des droits qui frappent de nouveau les marchandises à leur entrée en France.

Ainsi nos douanes prélèvent,

Sur le fer en barres, de 27 f. 50 c. jusqu'à 55 f.

par 100 k.

Sur la fonte brute, . . 9 90

    l'acier,

    les cuivres,

    l'étain,

    le plomb,

    le zinc,

    la houille de Belgique, . » 35 c. par hect.

Sur la houille d'Angleterre, 1 10   *id.*

Sur l'alisari, ... 13   par 100 k.

Sur les galles , ... 15   *id.*

Sur l'huile de Calabre, etc., 27 f. 50 c.
Sur la potasse, ... 19
Sur les machines à vapeur, 30 p. 100 *ad valorem.*
Sur les autres machines, . . 15 p. 100 *id.*

Il est sans doute du devoir du gouvernement d'encourager une industrie dont les produits sont objets de première nécessité et peuvent être fournis par le sol, lorsque cette production est susceptible d'amélioration et qu'il y a espoir de l'obtenir avec les mêmes avantages qu'en la recevant de l'étranger.

Mais il faut craindre quelquefois de dépasser le but qu'on se propose et de nuire à d'autres intérêts : tel a été cependant le résultat de l'augmentation des droits d'entrée sur le fer et la houille, en 1822. On n'a pas vu qu'en élevant à cent pour cent de la valeur des fers étrangers les droits sur ce métal, lorsque la consommation prenait un développement tel que nos forges ne pouvaient suffire à tous ces besoins, on portait un coup funeste à toutes les industries qui emploient le fer, en les forçant à le payer au double de sa valeur.

Nos maîtres de forges ont pu profiter au commencement de l'augmentation des droits, mais ils se trouvent replacés aujourd'hui dans une position pire que celle où ils étaient en 1822. Les droits trop élevés n'ont fait qu'enrichir les propriétaires de forêts et de hauts fourneaux, dont la législation sur les mines favorise trop le monopole.

L'industrie du coton a souffert un notable préjudice de cet état de choses. Il nous est facile de le calculer par le rapport que nous connaissons d'une filature de 15,000 broches en France, à une pareille filature en Angleterre; et il s'ensuit *que le désavantage est pour nous de plus de huit millions par an.*

Le haut prix du fer est encore un obstacle à l'établissement des métiers mécaniques à tisser, système qui donne une grande supériorité à l'Angleterre.

Nous nous bornons à montrer les avantages qui résulteraient, pour notre industrie, de la diminution du prix du fer. Des intérêts opposés s'élèvent : il ne nous reste qu'à nous en rapporter au jugement éclairé des hommes auxquels cette question sera soumise dans les

11

deux chambres, lors de la discussion des lois de douanes.

Depuis que l'industrie anglaise tend chaque jour à diminuer la main-d'œuvre de ses produits en les remplaçant par des procédés mécaniques, nos fabriques, pour entrer en concurrence sans trop de désavantage, sont forcées d'adopter les moyens que mettent en usage les manufactures britanniques. Par suite, l'emploi de la houille s'accroît chaque année en France. Dans *les vingt millions d'hectolitres de houille française* et *sept millions de houille étrangère* consommés chez nous, la fabrique de coton peut être comptée pour un tiers de la quantité : elle participe au moins dans cette consommation pour moitié de la somme totale payée par toutes les usines, à cause des frais de transport que nous sommes forcés de supporter, parce que nos ateliers ne peuvent se placer à côté des lieux d'extraction sans perdre des avantages considérables sous d'autres rapports.

Tout ce qui peut tendre à diminuer le prix de ce combustible, encouragera notre industrie: en nous exprimant ainsi, nous ne craignons pas de dire que nous favoriserons aussi l'exploitation des machines à vapeur qui font concurrence aux forces naturelles des cours d'eau. Notre intention est de concilier tous les intérêts, et nos réclamations auprès du gouvernement s'en montrent la loyale conséquence.

C'est pourquoi nous réclamerons encore la suppression des droits de navigation fluviale. Rien ne serait d'un avantage plus immédiat, et n'est plus facile à nous accorder, que la franchise de cette navigation sur les fleuves et rivières.

C'est avec d'aussi faibles concessions que le gouvernement aidera efficacement une industrie qui occupe un si grand nombre de bras!

Le défaut de communication et de moyens de transport rapides et économiques, est une des causes principales qui renchérissent nos *matières premières* et s'opposent au développement de toutes les industries nationales, mais plus particulièrement aux succès de l'industrie cotonnière.

L'administration, que nous avons vue quelquefois bien intentionnée, mais qui trop souvent ne donne pas de suite à ses bonnes résolutions, ne pouvait rester toujours indifférente à un état de choses ruineux pour l'agriculture, les

manufactures et le commerce. La commission
des routes et canaux a déjà fait connaître au
public ses premiers travaux, et les moyens
qu'elle indique auront sans doute une influence
favorable, si leur exécution devient prompte
et convenable.

Qu'il nous soit permis d'ajouter aux mesures
qu'elle propose le vœu déjà si souvent émis
en France, d'employer à la construction des
canaux le temps de loisir de nos soldats. De
tels travaux n'ont rien de contraire à l'honneur
militaire ; sous plusieurs de nos Rois ; surtout
sous Henri IV et Louis XIV, nos armées y
ont été affectées. Le soldat y acquerrait une
force qui le rendrait plus capable de soutenir
les fatigues de la guerre, et une habitude du
travail qui lui serait d'un grand secours en
rentrant dans la vie civile. La plupart des
monuments romains furent l'ouvrage des légions
romaines. De nos jours, l'armée suédoise a
creusé le canal qui traverse la péninsule scan-
dinave.

Redoublons donc nos vœux tendant à ce
que le gouvernement s'occupe enfin de mettre
promptement en pratique un système complet
de canalisations, et un autre non moins utile

et urgent , d'achèvement et d'entretien des routes dans toute la France.

De toutes *les actions fiscales* , que nous avons ci-devant signalées , jointes aux autres circonstances du commerce et de la production en France, il résulte :

1° Que nous payons *les matières premières* à un prix plus élevé que celui que payent nos rivaux ;

2° Que toutes nos productions sont plus chères que les leurs ;

3° Que notre mobilier industriel, soit dans sa création, soit dans son entretien, nous est relativement très-onéreux.

A l'appui de ces assertions, donnons quelques exemples :

Dix balles de coton Louisiane , prises à la Nouvelle-Orléans et rendues à Liverpool, coûteraient . . . . 2,571 f. » c.
Au Havre, elles coûteraient, 3,047 70

Différence à notre préjudice , 476 70

En établissant le même calcul sur les trente millions de kilogrammes que nous achetons annuellement, nous trouverons , à l'avantage du filateur anglais, environ 7,100,000 fr.

Mais quelles sont les causes de cette différence de 476 f. 70 c. sur 10 balles ? Les voici :

1° Différence entre le change sur France et celui sur Londres , ... 98 f. » c.
2° Sur le fret , ... 156   »
3° Sur les droits d'entrée , . . 222   70
____
476   70

En admettant que l'action de notre gouvernement soit nulle quant au prix du coton en laines sur le marché de la Nouvelle-Orléans, et à celui du fret et du change, on ne peut en dire autant pour ce qui concerne les *droits d'entrée;* or, on voit que son action fiscale nous surcharge ici d'une somme de 222 f. 70 c., qui, répartie sur 1,654 kilogr., poids net supposé pour les dix balles, dans notre hypothèse, représente environ 13 c. 1/2; ou, par livre métrique, 6 c. 3/4.

Le fret comparatif entre France et Angleterre présente des différences non moins considérables. Nous venons de voir qu'il est, à notre surcharge, de 156 f. pour dix balles coton Louisiane.

Notre désavantage sur les sortes de l'Inde est encore plus marqué ; on y trouve les différences suivantes :

De Calcutta, pour France, 250 f. par tonneau, et 10 p. 100, ... 275 f. » c.
    Id. pour Londres , . . . 137 50
                                  ————————
                  Différence , 137 50

De Bombay, pour France,
180 f. et 10 p. 100, ... 198 f. » c.
    Id. Londres, 2 l., soit. . 50
                                  ————————
                  Différence , 148 f.

Ce n'est qu'en traitant à fond les questions relatives au commerce extérieur , que nous pourrons exprimer nos vœux sur les moyens d'obtenir nos *matières premières au plus bas prix possible ,* chaque fois que nous les tirerons de l'étranger. Des faits actuellement patents , il sort avec évidence que nous sommes de beaucoup inférieurs aux Anglais et aux Belges, nos plus proches rivaux.

Les uns et les autres extraient de leur sol des matières premières que nous ne possédons pas, qu'ils nous vendent chargées *de droits de sortie*, et que nous rechargeons encore de *droits d'entrée*.

Ces deux circonstances influent d'une manière remarquable et fâcheuse sur le prix de nos instruments de travail, *de notre mobilier industriel*. Citons des exemples frappants de notre désavantage sur ce point, comparativement à l'Anglais :

1° Nous prenons pour base un établissement de filature, monté de 15,000 broches, pouvant filer, en mull-jenny, 400 kilogr. par journée de 12 heures de travail, mu par une machine à vapeur de la force de 30 chevaux, construite sur le systême de Watt et Bolton.

Le coût de la machine, celui du mobilier, y compris la transmission des mouvements et autres accessoires, la pose de la machine, l'intérêt annuel du capital, la location du bâtiment, le combustible, représenteront,

En France, ... 598,500 f.
En Angleterre, ... 376,000
                          —————————
            Différence, 222,500 f.

Ainsi, à fortune égale, un Anglais conservera 222,500 f. de capitaux pour satisfaire aux besoins de ses affaires courantes , tandis que le Français, ayant consommé tous ses fonds en machines , serait forcé de recourir au crédit.

Si l'on considère actuellement l'intérêt annuel des capitaux, le prix de la location du bâtiment convenable à une telle filature , et la dépense du combustible , on trouvera :

Pour l'Angleterre , ... 51,000 f.
Pour la France , ... 98,500
Différence contre nous, . . 47,500 f.

D'où il suit que les 120,000 kilogrammes de filés nous reviendront à 40 c. par kilogramme plus cher qu'en Angleterre, seulement à cause du haut prix du combustible et du mobilier industriel chez nous ; plus value qui , prise en masse pour toutes nos filatures , *représente annuellement près de 10 millions de francs.*

Le résultat que nous signalons devient proportionnel si on l'applique aux *filatures hydrauliques.*

2° Et si l'on applique aussi des raisonnements semblables à la création des ateliers de tissage mécanique , on saura , ainsi que l'a très-bien démontré la commission libre d'en-

quêtes séante à Paris, que notre travail national, comparé sous ce rapport à celui des Anglais, serait grevé, pour une fabrication de
sept millions de pièces seulement, *d'une somme
de* 14,980,000 fr. En ce moment, le désavantage de notre tissage à la main est de 22,610,000
francs.

3° Dans la fabrication des toiles peintes,
notre infériorité relative est de 9 *millions de
francs pour* 1,500,000 *pièces.*

Et enfin, pour la teinturerie, en rouge des
Indes par exemple, notre prix de revient,
par chaque mise, *est trop cher de* 56 *francs;*
ce qui, pour 50,000 mises de *grands teints*,
représenterait 2,800,000 *fr. de surcharge relative.*

Ces exemples portent avec eux leur com-
mentaire, et l'on ne saurait trop réfléchir à
la position critique de nos manufactures, en
majeure partie produite par des taxes fiscales
qui nous empêchent de lutter contre nos rivaux. Les renseignements plus détaillés que
nos lecteurs pourraient désirer à cet égard,
sont renfermés dans les mémoires particuliers
et spéciaux que nous avons publiés en faveur
des diverses branches d'industrie que nous re-

présentons. Mais, sans craindre d'être démentis, nous pouvons affirmer que ces mêmes industries, dans leur lutte contre les analogues anglaises, éprouvent, sur une production de 3oo millions de francs, *une différence de presque 5o millions, ou plus de 16 pour cent;* en sorte que la contrebande, malgré sa prime ou surcharge de 8 à 12 pour cent, offre encore à nos rivaux d'énormes bénéfices et ruinera nos établissements s'il n'y est promptement remédié.

La meilleure manière de résoudre en notre faveur la question *du plus bas prix possible des matières premières,* serait de ne demander à l'étranger que celles qui nous manquent absolument, et, quant à celles-ci, de veiller attentivement *au maintien des intérêts de notre commerce extérieur.*

Le gouvernement ne peut-il pas exciter en France à la recherche des houillères, mieux qu'on ne l'a fait jusqu'à ce jour; adopter de sages mesures sur l'aménagement des forêts, et faire respecter, dans les coupes annuelles, les bois propres aux constructions industrielles? Ne peut-il pas exciter à la recherche et à l'exploitation d'une multitude de mines, ou restées inconnues faute de soins , ou connues et négligées faute d'encouragements ? Ne peut-il pas encore écouter les conseils de nos armateurs sur l'emploi possible de moyens propres à tirer notre marine marchande de la langueur qui l'obsède ? et enfin faire exactement pour les Français *tout ce que le gouvernement d'Angleterre fait pour les Anglais ?* Si nous ne pouvons conquérir la suprématie , *établissons du moins la parité :* sans elle toute lutte est impossible au dehors , et nous devons renoncer à figurer parmi les nations commerçantes qui se disputent extérieurement les trésors du monde.

CHAPITRE II.

Moyens d'encourager le Commerce intérieur.

De tous les renseignements que nous nous sommes procurés et que jusqu'ici nous avons consignés dans notre mémoire, il résulte que *ce n'est point à l'industrie cotonnière qu'il faut s'en prendre de notre infériorité à l'égard de cette même industrie en Angleterre.* Nous en voyons les causes principales dans le prix élevé du combustible et du fer, dans l'énormité de nos droits de douanes, et surtout dans la contrebande des produits étrangers. Plusieurs autres causes, que nous ne rappelons point ici, ne seront sans doute que temporaires; mais, en attendant, notre gouvernement peut en atténuer l'effet défavorable. C'est en asseyant bien les charges publiques, c'est en les modérant autant que possible, c'est en les répartissant avec égalité; c'est en tenant nos routes en bon état, en activant la construction des canaux pour amoindrir le prix des transports ; *c'est, enfin, en conservant à nos produits la consommation de la France;* c'est en facilitant l'exportation de l'excédant de notre production, que l'administration du pays rendra à nos fabriques cette activité qui seule peut réveiller leur émulation et empêcher qu'elles ne rétrogradent, même qu'elles ne périssent, après s'être avancées rapidement vers la perfection.

Notre industrie est encore susceptible d'une grande amélioration sous le rapport de l'aptitude et de la force physique de nos ouvriers. L'instruction primaire, plus répandue, développerait leur intelligence : en produisant plus et mieux, leurs salaires augmenteraient, et ils pourraient se nourrir plus convenablement. On remarque chez les ouvriers qui possèdent les premiers éléments de l'instruction beaucoup plus de docilité, des mœurs plus douces, et surtout plus d'habileté que chez les autres.

Au surplus, et nous le répéterons avec tous les économistes qui s'accordent sur ce point, *la consommation des tissus de coton est susceptible de s'accroître en France de moitié au moins*, et peut-être *du double de ce qu'elle est aujourd'hui*. Le gouvernement possède seul la clef des moyens qui peuvent y concourir, en secondant l'activité de nos industriels et de nos commerçants.

Dans presque toutes les provinces, même dans quelques unes de celles qui avoisinent la capitale et nos grandes villes, les habitants sont pour la plupart aussi grossièrement vêtus qu'au douzième siècle. Toujours en société avec les animaux qui, dans beaucoup de lieux, partagent leur habitation, ils croupissent dans la saleté et la misère, sans éprouver le besoin que la civilisation leur donnerait d'un logement plus commode, d'un vêtement plus propre, d'une nourriture moins grossière ou plus délicate.

Que le ministre du commerce parcourre ces provinces et s'empresse d'étudier leur situation sous ce rapport; que le gouvernement mette l'instruction à la portée de cette classe voisine de la brute, qu'il lui applique toutes les mesures industrielles et commerciales tant de fois réclamées dans cet écrit, et bientôt, par leur contact avec des voisins plus avancés, on verra ces malheureux Français éprouver les mêmes besoins qu'eux, fournir leur contingent dans la production d'objets utiles, et obtenir en échange ceux qui leur manquent.

Nous avons déjà comparé les consommations cotonnières en France et en Angleterre : nous pouvons en tirer cette induction, *que la France, généralement considérée, est moins civilisée que l'Angleterre*, puisque la consommation y est en raison inverse de la population ; ou, ce qui n'est pas moins affligeant pour nos manufactures, que l'excédant a été fourni par la contrebande.

Dans l'état actuel des choses, l'introduction en fraude des marchandises étrangères porte à nos fabriques et à notre commerce le coup le plus funeste : encore quelques années d'une tolérance aussi coupable, et ils seront perdus sans retour.

Pour réprimer ce honteux trafic , il faut mettre sur le champ en vigueur la loi du 28 avril 1816 ; de plus , accorder aux capteurs la plus forte part possible dans la valeur de la prise , sans que des employés autres que ceux du service actif puissent y participer , du moins aussi largement qu'aujourd'hui. Il faut , enfin , infliger aux fraudeurs, receleurs, détenteurs , et indépendamment d'une amende double de celle actuelle , une peine afflictive et infamante, avec publication du jugement. Il faut encore se hâter de former et de mettre en exercice *les commissions de recherche* instituées par la loi.

La diminution très-marquée des droits sur les liquides et les boissons , charges qui pèsent à chaque heure du jour sur la classe indigente , contribuerait infailliblement à augmenter la consommation des produits de nos fabriques, qui lui sont particulièrement destinés. Depuis plusieurs années , les pays vignobles ne retirent aucuns prix de leurs vins; les celliers en sont encombrés ; et , pour remédier à ce mal , on désire des années de stérilité comme un bienfait de la Providence. Il faudrait être aveugle pour ne pas voir que de pauvres vignerons ne peuvent acheter des vêtements, quand il leur est impossible de fournir leurs vins en échange, ou la valeur de leurs vins, et que les manufacturiers ne peuvent travailler, prospérer et faire vivre des millions d'ouvriers et d'intermédiaires commerciaux, si on leur enlève, sans pitié pour eux comme sans profit pour le gouvernement, l'écoulement le plus direct de leurs produits.

Le gouvernement anglais a bien senti qu'en diminuant les droits sur les objets consommables, il ouvrait une carrière nouvelle aux consommations, en mettant l'aisance et les jouissances domestiques à la portée du plus grand nombre. Que le nôtre imite cet exemple : le bien-être des particuliers accroîtra la fortune nationale ; plus de contribuables paieront plus de droits ; et , en définitive , le trésor et les peuples y gagneront. Nous citerons , à l'appui de nos assertions , l'opinion de plusieurs fermiers d'octroi, qui consentiraient à se charger d'exercer aux mêmes conditions de paiement , *lors même que les droits seraient réduits de moitié.*

Si, dans l'intérieur du pays, la réduction

des taxes permet aux capitaux de s'agglomérer et de se reproduire , l'abolition de tout ce qui tend à pervertir la morale publique ne contribue pas moins à la production et à la consommation ; sous ce rapport, et dans l'intérêt du peuple , nous supplions le gouvernement de supprimer la loterie.

Mais tous ses soins ne doivent pas se borner à procurer aux citoyens les moyens d'acquérir de l'aisance : il leur doit encore l'appui de la loi pour la conserver. Nous appellerons donc son attention sur la législation commerciale. Combien de fortunes détruites par· la supercherie criminelle des débiteurs , réunie à l'avidité du fisc qui achève de dépouiller les malheureux créanciers ! Partout on ressent le besoin pressant d'une législation nouvelle , déjà réclamée par toutes les chambres et tribunaux de commerce. Depuis plus de deux années ils ont fourni leurs documents : à quoi servait-il de les demander pour ne pas y répondre , et pourquoi le ministère reste-t-il inerte sur d'aussi grands intérêts ?

La plupart des moyens d'encourager le *commerce intérieur* , s'applique également au *commerce extérieur* : occupons-nous donc de ce dernier , mais en déclarant que, pour nombre de considérations que nous n'exprimerons pas , afin de ne pas grossir ce Mémoire , notamment sur la question des *entrepôts intérieurs* , nous joignons notre opinion à celle exprimée par la fraction *de la sous-commission d'enquêtes* que forment *MM. les armateurs et négociants rouennais.*

CHAPITRE III.

Moyens d'encourager le Commerce extérieur.

Tous les bons esprits reconnaissent que la richesse d'une nation consiste dans l'abondance et la variété des objets nécessaires à sa consommation : le commerce d'exportation concourt à lui assurer ces avantages , en permettant d'échanger les produits surabondants contre ceux qui manquent. Il est rare que , dans un pays industriel , les produits agricoles dépassent de beaucoup les besoins de la consommation ; *ce sont donc ceux de l'industrie qui doivent fournir à l'exportation.* C'est ainsi que l'Angleterre , en recevant les denrées que son sol ne peut produire assez abondamment , et en les payant avec les produits de ses fabriques , s'est placée et maintenue au premier rang des nations , quoique sa population ne soit pas considérable. On évalue à plus d'un milliard ses exportations en tout genre ; *les nôtres n'atteignent pas* 400,000,000 *!*

En Angleterre , les *produits cotonniers fournissent la moitié du milliard* : en France , ce genre d'exportation *ne compte pas pour plus de* 20 *millions.* Ainsi *les Anglais exportent, dans une quinzaine , ce que nous avons bien de la peine à sortir dans le cours d'une année entière !*

Si les ministres anglais , aveuglés sur les intérêts de leur nation , osaient dire à l'industrie : « Vous produisez trop , vos établis- « sements sont trop multipliés ; réduisez votre « production aux besoins de la consommation « intérieure ; » il leur faudrait alors prévoir sans effroi , non-seulement la ruine de la classe industrielle , mais encore celle des producteurs de tout genre. *Toutes les classes qui produisent consomment :* atteindre l'une , c'est les atteindre toutes.

Les fabriques de la Grande-Bretagne em-

ploient chaque année 90 millions de kilogrammes de coton brut , qui en produisent
environ 80 en marchandise fabriquée. L'exportation de 50 millions en laisse 30 pour
la consommation intérieure ; elle se trouve
ainsi du double de celle de la France, dont
la population est d'un tiers plus nombreuse.
Si notre Ministre du commerce , éclairé sur
nos véritables intérêts , pouvait dire , en
appuyant ses paroles de mesures efficaces :
« *votre industrie languit* : *rendez-lui toute son*
« *activité ; au lieu de* 30 *millions de kilo-*
grammes , employez-en 40 *; vous le pouvez ,*
« *sans augmenter vos frais généraux ; vous*
« *produirez à meilleur compte ; je faciliterai*
« *vos debouchés au dehors ; vous pourrez*
« *sans obstacle exporter* 10 *millions de kilo-*
« *grammes : ce sera un bénéfice de* 80 *millions*
« *de main-d'œuvre gagné pour la France;* »
ce ne serait pas seulement notre industrie
qui se trouverait alors favorisée de la protection du gouvernement ; toutes les classes
de producteurs se ressentiraient de l'activité
de nos fabriques ; notre marine en éprou-
verait une amélioration sensible , et l'on ver-
rait s'accroître la consommation de nos pro-

duits agricoles , surtout celle de nos vins , eaux-de-vie et vinaigres. Nos propriétaires de vignobles paraissent n'avoir pas bien compris que leur intérêt est lié à celui de la classe industrielle , qui est celle qui peut leur offrir la consommation la plus grande et la plus suivie. En affranchissant le vin d'une partie des droits dont il est surchargé , et principalement de ceux d'octroi dans les villes , on accroîtrait beaucoup la consommation. Le trésor et le revenu des villes retrouveraient une compensation dans cet accroissement , et les pays vignobles ne seraient plus exposés à la misère dont ils se plaignent depuis plusieurs années.

Il nous reste des difficultés à vaincre pour fabriquer nos tissus à des prix aussi bas que ceux des Anglais. Avec le temps , nos efforts et la coopération du pouvoir , nous y arriverons certainement. Alors nos exportations prendront un cours naturel , et il nous suffira de trouver à l'étranger la protection de notre gouvernement.

Il est généralement reconnu que malgré l'admission apparente de nos produits dans toute l'Amérique du Sud , sur le même pied

que ceux des nations les plus favorisées , si
le tarif des douanes est le même, l'évaluation de la marchandise sur laquelle on perçoit
le droit *est toujours faite à notre détriment.*

Au Mexique , les marchandises françaises
paient du double au triple de celles anglaises.

Au Brésil , les articles importés essentiellement de France , *sont tarifiés au triple de la
valeur de ceux qui s'importent d'Angleterre.*

A St-Domingue , l'évaluation du tarif *nous
fait payer plus que ne paient les Anglais ,
quoique nous paraissions jouir d'un avantage
sur le droit.*

Au Portugal , les Anglais *paient* 15 *pour
cent de la valeur portée sur leurs factures*; les
Français *paient* 30 *pour cent d'une valeur fixée
arbitrairement par les douaniers.*

Ces différences , ruineuses pour notre commerce d'exportation , sont en partie attribuées
à l'inexpérience de nos agents dans ces pays,
et à l'insuffisance des pouvoirs qui leur sont
donnés pour nous protéger énergiquement lorsque le cas l'exige. De vives réclamations se sont
élevées contre quelques-uns de ces agents :
on a accusé leur imprudence de connivence
avec des partis politiques troublant certains

pays ; on a accusé leur insouciance pour les intérêts de notre commerce national ; on s'est plaint de leur prétention à se renfermer dans leur dignité diplomatique, pour éconduire les négociants qui imploraient leur protection contre les vexations des étrangers.

Dans les ports de l'Inde , notre pavillon est traité comme celui des autres nations : les marchandises françaises et celles qu'on exporte pour la France *sont assujéties à des droits plus élevés que les marchandises anglaises.* Nous n'avons ni consuls, ni agents dans les possessions anglaises ; notre commerce y est cependant assez intéressant.

Nous avons , il est vrai, un gouverneur français à Pondichéry et des chefs de comptoir à Chandernagor ; mais il leur manque des pouvoirs suffisants pour nous protéger dans l'occasion.

L'Inde serait , pour nos vins et nos eaux-de-vie, un débouché avantageux ; nos produits manufacturiers y sont en général très-goûtés ; d'habiles représentants , munis de pouvoirs convenables , seraient pour notre commerce d'exportation un immense avantage ; sur tous ces points nous trouverions des débouchés.

Mais , soit que nous fabriquions trop chère-
ment , soit que le défaut de relations nous ait
empêché d'étudier les besoins de la consommation dans ces pays , nous ne pouvons y
aller lutter contre la concurrence étrangère ,
qu'aidés par des *encouragements* au moins temporaires : et, sous ce rapport , *rencontrant sur
tous les marchés étrangers les mêmes obstacles
à nos placements , nous avons généralement à
réclamer le même secours en faveur de nos
exportations.*

Nous pensons que *des restitutions totales des
droits perçus en France sur nos objets fabriqués
et destinés à l'exportation,* et ensuite des *primes
réelles à cette même exportation, sont les seuls
moyens efficaces de nous ouvrir les débouchés
qui , partout , se ferment devant nous.*

Nous établissons *une distinction formelle*
entre *la restitution des droits et les primes :* la
première est d'équité ; il ne serait pas juste
que le gouvernement gênât le commerce et
l'empêchât de faire face aux concurrences
étrangères , *en retenant des droits de consommation sur des matières qui ne se détruisent pas
dans le pays.* Il suffit qu'elles y soient momen-
tanément entrées, pour procurer du travail et

des salaires aux ouvriers nationaux. Les profits du trésor sont déjà assez grands sous ce rapport, puisque c'est au moyen de ce travail et de ces salaires que nombre de Français acquièrent la faculté de satisfaire aux taxes publiques qui pèsent sur eux. Le trésor doit se contenter de l'acquisition des droits de douanes sur celles de nos matières premières qui *se détruisent dans le pays*. L'action fiscale ne doit pas s'étendre au surplus de ces matières exportées, ou bien le fisc entravant la circulation des produits industriels, se ruinerait lui-même, en appauvrissant les fabriques et les travailleurs.

Nous réclamons donc *la restitution complète des droits qui ont pesé à l'entrée sur chacune des matières mise en œuvre* et composant *nos produits exportés*. Dans le calcul de cette restitution, la justice veut qu'on fasse entrer *une part pour l'emploi des matières transformées en instruments de travail, en mobilier industriel ;* et de même *une autre part pour les intérêts dont le trésor a profité depuis l'acquit en douane ;* ces intérêts ayant été produits par la jouissance qu'a eue le trésor d'une partie de nos capitaux devenus inutiles pour nous. Si les *restitutions, ainsi basées et effectuées,* rétablissent *la*

*parité entre notre condition commerciale exté-
rieure et celle de nos rivaux, tout le bien désira-
ble sera fait, et nous ne demandons pas plus au
gouvernement.* Si la parité peut s'établir sans
que les restitutions soient entières, nous verrons
avec plaisir le trésor profiter du restant ; *mais
si la restitution totale nous laissait encore en arrière de nos concurrents étrangers , nous n'hési-
tons pas à solliciter des primes réelles , des
secours de la nature de ceux dont les Anglais
gratifient leurs industriels et commerçants , quand
ils en ressentent le besoin.*

Nous savons ce que les controverses économiques élèvent contre *le systéme des primes*, et
nous ferons remarquer *que toute industrie qui
procure du travail et des salaires , n'est point
aussi onéreuse au pays que certains hommes se
plaisent à le dire. Si cette industrie est nécessaire
au maintien de l'ordre intérieur , si les travailleurs ne trouvent point d'emploi ailleurs, le pays
a grand intérêt à faire un sacrifice pour maintenir ladite industrie, jusqu'à ce qu'il soit possible de la remplacer par une plus convenable ; et
les secours qu'il lui accordera valent infiniment
mieux que l'aumóne aux nécessiteux sans ouvrage.* Ce secours, ainsi appliqué, devient une

charité judicieuse : c'est la plus digne *taxe des pauvres* que l'administration puisse créer ; car elle éloigne tout à la fois la misère , l'oisiveté, les vices honteux et les troubles civils. Puisque nous sommes malheureusement en position de *nous imposer des sacrifices pour secourir les indigents,* dont le nombre augmente sans cesse faute d'occupation ou de salaires suffisants , *il est mille fois préférable que ces sacrifices soient en faveur du travail conservateur des plus grands intérêts sociaux.*

Le concours simultané *des restitutions* et *des primes ,* est donc au premier rang des vrais moyens de favoriser notre commerce extérieur, et tout ensemble les consommations à l'intérieur.

On sait qu'un kilogramme de coton , converti en toile peinte, *nous coûte* 1 f. 75 c. *de plus qu'en Angleterre ;* que le coton filé *nous revient à* 10 *pour cent ,* et le tissu *à* 15 *pour cent de plus que chez nos voisins ;* que, sur la teinture d'une mise de filés en grands teints, *nous sommes en arrière de* 56 *fr. :* c'est pour compenser ces différences que *les restitutions et les primes nous sont absolument indispensables.* Le remboursement à la sortie du droit perçu sur le

coton brut à son entrée en France, est fixé,
pour le fil au-dessus du n° 40 mille mètres, et
pour le tissu, à 50 centimes par kilogramme.
Nous croyons qu'il serait suffisant d'élever
ce remboursement à 75 centimes, pour les
cotons filés de tous numéros indistinctement,
et d'accorder :

Par kilogramme de coton filé,
quel qu'il soit . . . .   » f. 75 c.

Par 100 dito de calicots écrus. .   50   »

Par 100 dito de calicots blancs
et étoffes blanches   70   »

Par 100 dito de toiles peintes et
tissus de couleurs 150   »

Pour les mousselines peintes et
tissus fins, dont le poids n'excé-
dera pas 3 livres et demie la coupe
de 25 aunes, dans une largeur de
28 à 30 pouces 300   »

Pour 100 kilog. d'étoffes *laine et
coton*, dans la fabrication desquelles
la laine entre pour au moins moitié 250   »

Pour 100 dito d'étoffes *fil et coton* 50   »

Ces restitutions et primes, si ce dernier mot
doit être employé, ne seraient pas assez fortes
pour nous promettre de grands bénéfices à

l'étranger, et par suite nous faire craindre de voir s'accroître le nombre de nos établissements ; nous ne devons en attendre qu'un débouché plus facile , sans pertes pour l'excédant de nos produits. Mais, ce qui ne paraîtrait qu'un faible avantage pour nos fabricants , en serait un très-grand pour nos ouvriers , qui pourraient être assurés de vivre de leur travail , et même encore pour le pays , qui recevrait , en retour d'une production que le désordre rend sura-bondante et presque sans valeur , des objets nécessaires à sa consommation. Cette exporta-tion nous permettrait de faire produire à nos établissements tout ce dont ils sont susceptibles, et par conséquent de fabriquer à meilleur marché.

L'exportation de 5 à 6 millions de kilogram-mes de coton manufacturé , serait suffisante pour rendre à cette industrie toute son activité. D'apres les bases ci-dessus indiquées, 3 millions et demi de francs suffiraient aux *resfitutions et primes demandées*, sans grever le trésor ; car le remboursement du droit sur le coton serait dé-jà de 2,500,000 francs pour cette seule quan-tité , et les autres matières fourniraient aisé-ment le dernier million. Nous pensons que la prospérité qui résulterait d'une telle mesure , offrirait au trésor une ample compensation par l'accroissement des revenus des douanes et des contributions indirectes. Outre ces sources de revenu, nous pouvons encore indiquer au gouvernement comme moyen de récupérer le montant des *primes* et des *restitutions* , l'augmentation de l'amende imposée aux fraudeurs chez lesquels on saisirait de la marchandise prohibée : la vente de cette même marchandise, faite hors de France, procurerait aussi des sommes plus fortes.

Quelques fabricants et négociants ont pensé que si ces moyens paraissaient insuffisants au gouvernement , on pourrait augmenter de 10 centimes par kilograme le droit sur le coton en laine à son entrée en France, et que cette augmentation serait grandement suffisante pour compenser le montant des *restitutions* et *primes à la sortie :* mais ce moyen ne *pourrait obtenir notre approbation qu'autant que la fraude serait très-activement et très-sévèrement réprimée. Autrement il serait dangereux de surcharger la matière première qui déjà supporte un droit double de celui perçu en Angleterre.* Dans tous les cas , *cette augmentation devrait être temporaire et supprimée, ou réduite en même temps que la*

prime, si de nouvelles circonstances nous permet-
taient de l'abandonner.

Nous devons dire ici que *cette proposition*
d'augmenter le droit d'entrée n'est que l'expres-
sion du vœu de la minorité des membres de la
sous-commission d'enquêtes ; et que la *majorité*
trouve cette mesure dangereuse.

Nous croyons devoir encore signaler un in-
convénient des plus graves , et qui se renou-
velle chaque jour à l'entrée des villes. Les employés de l'octroi , sous prétexte de visiter le
contenu des ballots et des caisses, soit en cou-
pant les emballages , soit en laissant la marchandise à découvert, soit en brisant les caisses
pour y introduire leurs sondes , causent souvent de très-grands dommages. De tels abus ne
sont pas assurément autorisés par les chefs de
ces administrations. Nous espérons que notre
réclamation sera entendue.

Nous ne pourrions ajouter ici à nos discussions qu'en copiant textuellement l'excellent
mémoire publié, dans les premiers jours de
l'année 1829, par MM. les *négociants et arma-*
teurs rouennais : nous y renvoyons nos lecteurs, en déclarant que nous adhérons pleine-
ment aux principes qu'il consacre, et aux conséquences qui s'en suivent.

CONCLUSIONS.

Nous supplions le gouvernement de nous accorder :

1º *Le maintien de la prohibition absolue des
filés et tissus de coton étrangers;* la sévère et tout
entière exécution de la loi du 28 avril 1816,
qui ordonne expressément la *recherche et la
saisie, à l'intérieur, des marchandises prohibées;
la vente à l'étranger, et non en France, de
la marchandise saisie ; le doublement de l'a-
mende actuelle ; des peines afflictives et infa-
mantes contre les fraudeurs ;* le partage des
fruits de la saisie entre le trésor et les douaniers saisissants, de telle sorte *que le partage
soit le plus avantageux possible à ces derniers,
qui ne sont point suffisamment rétribués,* et qu'il
importe de stimuler dans l'exercice de leurs
fonctions ; enfin *la défense à l'administration
des douanes de transiger avec les délinquants;*

2º **Des** traités de commerce avec les républiques américaines dont la France n'a pas encore reconnu l'indépendance ; et des modifications aux anciens traités , *afin que nos produits
soient admis, en réalité, et non en apparence,*
sur le même pied que ceux des nations le plus

favorisées ; l'envoi dans les nouveaux états américains de *consuls* ou *agents* versés dans les affaires commerciales , munis de pouvoirs suffisants pour nous protéger au besoin ; la création de missions semblables sur les différents points de l'Inde où nous pourrions établir des relations avantageuses ;

3° Un traité de commerce avec l'Espagne ; et qu'en faveur *des obligations* qu'elle a contractées envers la France , *ce traité nous permette* d'importer dans la Péninsule nos produits industriels ;

4° Qu'on ouvre de semblables relations dans le Levant, aussitôt que la paix y sera rétablie ;

5° Que l'on tente des démarches conciliatrices pour rétablir nos anciennes relations commerciales avec la Prusse , la Sardaigne , le Piémont , l'Italie et l'Allemagne ; que l'on révise le prétendu *systême de réciprocité* entre la France et les Etats-Unis d'Amérique , *afin d'amener ces états à diminuer les droits imposés sur les produits de notre sol , et sur ceux de nos fabriques dont ils fournissent une bonne partie des matières premières* ; ou que , *dans le cas contraire de non-réduction , on rétablisse un droit différentiel en faveur de notre navigation lésée depuis les derniers arrangements* ;

6° Qu'on encourage l'exportation d'une portion suffisante des produits de notre industrie ; en nous mettant à même de soutenir la concurrence étrangère ; ce qui aurait lieu , 1° par une *restitution totale des droits perçus à l'entrée sur nos matières premières transformées en marchandises d'exportation, y compris une quote-part de ces droits assis sur celles desdites matières transformées en mobilier industriel , et une autre quote-part pour les intérêts encourus depuis nos acquits en douane ;* 2° et en cas d'insuffisance de ces restitutions , *par des primes réelles* délivrées à même l'excédant de droits que supportent nos produits consommés dans l'intérieur ; 3° et enfin , si le gouvernement ne croit pas devoir entrer dans ces calculs, qui pourtant sont équitables , par un *encouragement à l'exportation,* fixé de la manière suivante :

Par kilogramme de coton filé, teint ou écru, et quel qu'en soit le n°, ... » f. 75 c.

Par 100 kilog. de calicots écrus. 50 »

Par 100 dito de calicots blancs et étoffes blanches. . . . . 70 »

Par 100 kilog. de toiles peintes
et tissus de couleur . . . . 15o   »

Pour les mousselines peintes et
tissus fins , dont le poids n'excé-
dera pas 2 kilogrammes la coupe
de 25 aunes, dans une largeur de
28 à 3o pouces . . . . 3oo   »

Par 100 kilog. d'étoffes *laine et
coton*, dans la fabrication desquelles
la *laine de mouton* ou le poil
d'autres animaux entrera pour au
moins moitié . . . . 25o   »

7° La révision des tarifs de douanes en ce
qui concerne toutes les *matières premières* que
nous tirons de l'étranger , et la réduction au
plus juste taux des droits assis sur icelles , notamment le coton en laine , les charbons de
terre , les fers , fontes , aciers , métaux ; bois
de construction et matières tinctoriales ; sauf
à réduire de même et proportionnellement les
encouragements à l'exportation ;

8° La défense aux employés des octrois, véri-
ficateurs des colis, caisses ou balles, de maltraiter
les marchandises ou de les exposer à s'avarier ;

9° La *suppression de la loterie*, dite royale ;

10º La répression très-sévère *des loteries clandestines et des jeux de hasard ;*

12º La suppression des droits d'amarre aux quais , de passage des écluses , de navigation sur les fleuves, canaux et rivières , et de tous autres de ce genre qui pèsent injustement sur l'industrie et le commerce ;

12º Le retrait des concessions de *prise-d'eau* en faveur de certains établissements privilégiés, qui , par ces concessions , nuisent à la navigation des canaux et rivières correspondantes , et nous causent un préjudice notable par l'extrême renchérissement des transpo:ts :

13º La prompte exécution des mesures qu'a proposées la commission des routes et canaux, pour la réparation des routes , leur bon entretien ultérieur , l'achèvement des canaux : ici, nous réclamons un judicieux emploi de l'armée, que nous aidons à salarier ;

14º Une bonne assiette , une juste pondération dans toutes les contributions publiques qui atteignent *l'industrie et le commerce, payant seuls deux tiers du budget annuel de l'État:* nous désirons que, notamment, on mette tout le système des douanes françaises en harmonie avec celui des pays étrangers, particulièrement de l'Angleterre , pour les *substances de même nature nécessaires à des travaux analogues* dans lesquels il convient d'établir *parité* , sous peine de destruction pour nous ;

15° L'allégement très-prompt , et d'au moins moitié , dans les droits d'octroi et autres qui pèsent sur les boissons ;

16° Les plus grands encouragements à l'instruction primaire , gage de paix et source de prospérité , *dans tous les départements* ;

17° La révision de la législation commerciale ; la *promulgation de lois moins fiscales et plus protectrices* que celles existantes , principalement pour les *patentes* , très-onéreuses et arbitraires dans leurs droits proportionnels réglés selon les caprices d'agents intéressés, et surtout pour *les droits d'enregistrement des actes relatifs aux faillites* , droits *par lesquels le fisc achève de ruiner les créanciers* en absorbant les meilleures ressources des *masses* , ou en faisant craindre le résultat onéreux de poursuites régulières contre les débiteurs de mauvaise foi ;

18° Une instruction suivie et devenant de plus en plus nécessaire aux industriels et commerçants ; laquelle consistera dans la publication de tous les documents que recueillent

annuellement les administrations et les ministères , *sur tous les faits intérieurs et extérieurs*
dont la connaissance importe aux producteurs
comme aux consommateurs nationaux ;

19° Enfin , toutes les mesures de bonne administration intérieure , de bon et loyal gouvernement, qui , ramenant *la confiance et la sécurité* , deviendraient , pour le trône , le pays et
nous , les meilleurs gages de l'ordre général ,
de paix nationale , de fortune publique et par-
ticulière, c'est-à-dire *de durée et de prospérité.*

C'est à l'entier, c'est au prompt accomplissement de ces demandes, que nous devrons *des*
remèdes *pour le présent et des améliorations
pour l'avenir.*

Rouen, 16 Juin 1829 ,

Les Membres de la sous-commission d'Enquêtes
pour l'Industrie du coton :

1° *Pour la construction des machines ,*

MM. Charles-MARTIN ;
LECOFFRE.

2° *Pour la filature du coton ,*

MM. Pascal-ADELINE ;
CRESPET Fils aîné ;
SÉVÈNE ;
LAROCHE-BARRÉ.

3º *Pour la teinturerie,*

MM. LEMARCHANT ;
BOURCY.

4º *Pour le tissage,*

MM. LELONG Oncle ;
TALON ;
GAMBU-DELARUE ;
JACQUET.

5º *Pour la peinture des toiles,*

MM. Henry BARBET ;
.DE CHANCÉ;
Ludovic ARNAUD-TISON.

6º *Pour le commerce des articles de coton,*
à l'intérieur et à l'extérieur,

MM. POUCHET ;
BLANC;
PRÉVEL ;
DIEUSY Fils.

Certifié conforme à l'original ,

Henry BARBET , *Président.*

Charles MARTIN , *Secrétaire.*

TABLE.